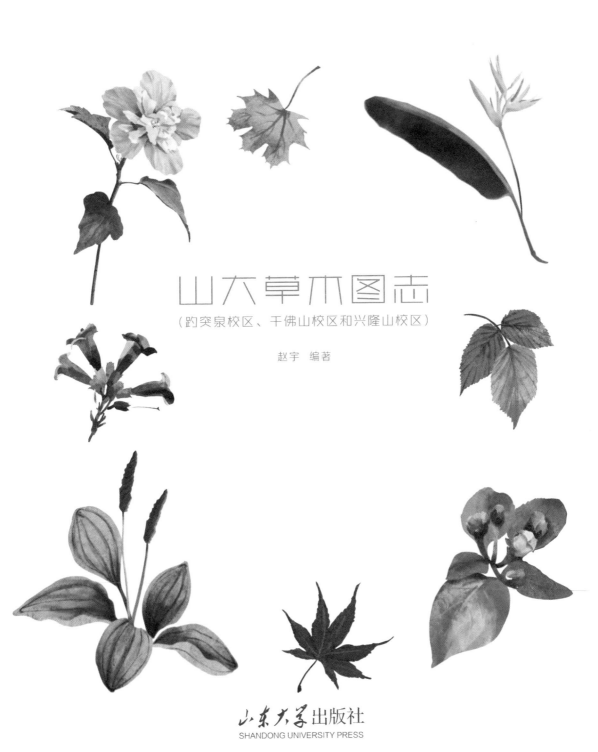

山大草木图志

（趵突泉校区、千佛山校区和兴隆山校区）

赵宇 编著

山东大学出版社

SHANDONG UNIVERSITY PRESS

图书在版编目（CIP）数据

山大草木图志. 趵突泉校区、千佛山校区和兴隆山校
区/赵宇编著. --济南：山东大学出版社，2021.9
ISBN 978-7-5607-7148-9

Ⅰ.①山… Ⅱ.①赵… Ⅲ.①山东大学-植物志-图
集 Ⅳ.①Q948.525.21-64

中国版本图书馆CIP数据核字（2021）第192901号

责任编辑　李昭辉
文案编辑　冯敬远
封面设计　王秋忆

出版发行　山东大学出版社
社　　址　山东省济南市山大南路 20 号
邮　　编　250100
电　　话　（0531）88363008
经　　销　新华书店
印　　刷　东港股份有限公司
规　　格　787 毫米 ×1092 毫米　1/24　18.75 印张　310 千字
版　　次　2021 年 9 月第 1 版
印　　次　2021 年 9 月第 1 次印刷
定　　价　120.00 元

《山大草木图志（趵突泉校区、千佛山校区和兴隆山校区）》编 委 会

主 任　赵　宇（药学 1999 级）

成 员

曹　冰（药学 2019 级）

岳家楠（药学 2017 级）

曲勇晓（水利水电工程 2017 级）

邢雅馨（预防医学 2019 级）

叶邓辉（药学 2018 级）

张一凡（药学 2017 级）

总序

　　山东大学生命科学学院张淑萍老师、郭卫华老师、王蕙老师，儒学高等研究院纪红老师、研究生隗茂杰同学，药学院赵宇老师等，本着对山大之爱，齐力编著《山大草木图志》。茂杰嘱我写篇序，不好推辞。

　　与人类共生的是植物和动物，所以古书中记载植物和动物特别多，先秦古书《山海经》《诗经》《楚辞》《神农本草经》就是记载植物、动物较多的名著。大约产生于西汉初年的语言学专书《尔雅》中有专门的篇目《释草》《释木》《释虫》《释鱼》《释鸟》《释兽》《释畜》，可见古代对植物、动物的研究已达到很高的水平。

　　植物与文化也有很密切的关系。《诗经》的名篇《桃夭》开头说："桃之夭夭，灼灼其华，之子于归，宜其室家。"又《蒹葭》篇说："蒹葭苍苍，白露为霜，所谓伊人，在水一方。"让读者心旷神怡。屈原《离骚》善写香草美人，东汉王逸《离骚序》中指出："《离骚》之文，依《诗》取兴，引类譬喻，故善鸟香草，以配忠贞。"朱熹《春日》诗："胜日寻芳泗水滨，无边光景一时新。等闲识得东风面，万紫千红总是春。"脍炙人口。郑板桥《竹石》诗："咬定青山不放松，立根原在破岩中。千磨万击还坚劲，任尔东西南北风。"毛主席词《咏梅》："俏也不争春，只把春来报。待到山花烂漫时，她在丛中笑。"赋予竹子和梅花以高尚品质。文化艺术界早就有"梅兰竹菊四君子""岁寒三友竹梅松"的说法，引来了大量相关的诗词书画作品，极大丰富了植物与中国文化关系的内涵。即使在农民当中，也蕴藏着大量植物与文化的趣事。在特殊的年代里，农业生产脱离科学，一位生产队社员数落庄稼："天天愁给你遮阳，荬荬芽给你挠痒痒，粪蛋子臭不着你，你为什么不长呢？""天天愁""荬荬芽"都是野草。"天天愁"有的地方叫"铁苋菜"，棵稍高，大叶，色紫。"荬荬芽"有的地方叫"荬荬菜"，棵矮，叶子有刺。说明田地里长草，又不施肥，还要责问庄稼为什么不长。这位农民诙谐而智慧的韵语，寓意深刻，不知采风者注意到没有。

《论语·阳货》记载了一段孔子的话："子曰：小子何莫学夫诗？诗可以兴，可以观，可以群，可以怨。迩之事父，远之事君。多识于鸟兽草木之名。"人与自然，人与草木鸟兽，有着相互依存的最密切的关系，认识你自己，就要认识自然，认识草木鸟兽。山东大学是我们师生学习生活的摇篮，校园的一草一木都与我们有着密切的关系。认识山大，认识山大的草木花卉，毫无疑问会增加我们的知识，还会培养高雅的情趣。这本《山大草木图志》早已超越了科学意义上的植物学属性，而被作者赋予了深厚的情感，真挚的爱。这是写这篇序的真实感受，也是生物学家、药物学家与儒学院师生跨学科合作的真正答案吧。

杜泽逊

（山东大学文学院院长，教授、博士生导师）

2020 年 5 月 8 日于济南

使
用

Introduction

「说
明」

1. 章节设置

本书共分为绿树成荫、芳华满树、灌木参差、藤蔓宛转、芳草萋萋、杏林春暖六个部分，分别介绍林荫树、观花树、灌木、藤本、草本和药圃植物，涵盖了山东大学趵突泉校区、千佛山校区和兴隆山校区的绿化观赏类植物以及趵突泉校区特有的药圃所保存的药用植物共 200 种。

2. 物种编排顺序

考虑到本书面向的读者以非植物学专业的师生员工和普通读者为主，故本书的物种编排未按照传统的系统分类学框架进行，而是把收录的物种分为林荫树、观花树、灌木、藤本、草本、药圃植物六大类，即绿树成荫、芳华满树、灌木参差、藤蔓宛转、芳草萋萋、杏林春暖六部分，便于读者理解和接受。每一部分内，尽可能将相近科属的物种放在一起，便于观赏时比较鉴别。

3. 物种介绍

每一个物种的介绍包括1个物种信息页和1个图文页。物种信息页一般包括物种的中文名、中文别名、科属、拉丁学名、物种特征、药用价值（或其他应用价值）等基本信息和1张代表性图片。图文页一般包括一至多张突出植物部分形态特征（如花、果实、叶片、树皮等）的图片，或者入药部位及常用中药材的图片；同时，物种图文页多配有"本草考证""师生感悟""识花攻略""植物文化"等与该物种相关的文字内容。总体而言，物种信息页的信息性较强，图文页的欣赏性或探究性较强。

4. 索引

书后编制了书中涵盖物种的中文名索引和拉丁名索引，供广大读者参考检索自己感兴趣的植物。

中文名 — 拼音

yín xìng

银 杏 （《本草纲目》） — 中文名出处

银杏科银杏属 — 科属

白果（《植物名实图考》），公孙树（《汝南圃史》）
鸭脚子（《本草纲目》），鸭掌树（北京） — 中文别名

Ginkgo biloba L. — 拉丁学名

特征： ①高大落叶乔木，雌雄异株，雄株枝条斜展，雌株枝条开展，枝分长枝和短枝。②叶在长枝上螺旋状散生，在短枝上簇生。叶片扇形，中央 2 裂，基部楔形，革质，光滑无毛，脉为二叉状；有长柄。③球花单性，雄球花成荑荑状，4~6 花生于短枝顶端，下垂，具多数雄蕊；雌球花也生于短枝端，每枝生 2~3 花，每花具 1 长柄，柄端二叉，各生 1 胚珠，通常 1 胚珠发育成种子。④种子核果状，倒卵形或椭圆形，熟时黄色如杏，微具白粉。

特征

花期 3~4 月，种子 9~10 月成熟。

药用价值
或用途

药用价值： 成熟种子可入药，药材名为白果，"敛肺定喘，止带缩尿，用于痰多喘咳，带下白浊，遗尿，尿频。"叶也可入药，药材名为银杏叶，"活血化瘀，通络止痛，敛肺平喘，化浊降脂，用于瘀血阻络，胸痹心痛，中风偏瘫，肺虚咳喘，高脂血症。"（《中国药典》）

位置

位置： 趵突泉校区银杏路（B1）两侧，千佛山校区舜园餐厅（A6）西门，兴隆山校区学生公寓区（A11）。

药材图——白果

药材图——银杏叶

　　银杏生江南，以宣城者为胜，树高二三丈，叶薄，纵理俨如鸭掌形，有刻缺，面绿背淡，二月开花成簇，青白色，二更开花，随即卸落，人罕见之。一枝结子百十，状如楝子，经霜乃熟，烂去肉，取核为果，其核两头尖，三棱为雄，二棱为雌。其仁嫩时绿色，久则黄。

——明·李时珍《本草纲目》

本草考证、植物文化、识花攻略、师生感悟等

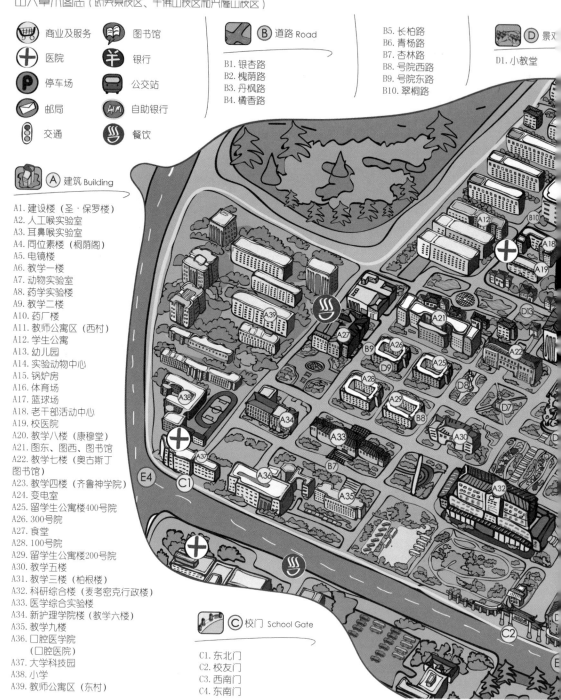

山大草木图志（趵突泉校区、千佛山校区和兴隆山校区）

商业及服务　图书馆
医院　银行
停车场　公交站
邮局　自助银行
交通　餐饮

Ⓐ 建筑 Building

A1. 建设楼（圣·保罗楼）
A2. 人工喉实验室
A3. 耳鼻喉实验室
A4. 同位素楼（桐荫阁）
A5. 电镜楼
A6. 教学一楼
A7. 动物实验室
A8. 药学实验楼
A9. 教学二楼
A10. 药厂楼
A11. 教师公寓区（西村）
A12. 学生公寓
A13. 幼儿园
A14. 实验动物中心
A15. 锅炉房
A16. 体育场
A17. 篮球场
A18. 老干部活动中心
A19. 校医院
A20. 教学八楼（康穆堂）
A21. 图东、图西、图书馆
A22. 教学七楼（奥古斯丁图书馆）
A23. 教学四楼（齐鲁神学院）
A24. 变电室
A25. 留学生公寓楼400号院
A26. 300号院
A27. 食堂
A28. 100号院
A29. 留学生公寓楼200号院
A30. 教学五楼
A31. 教学三楼（柏根楼）
A32. 科研综合楼（麦考密克行政楼）
A33. 医学综合实验楼
A34. 新护理学院楼（教学六楼）
A35. 教学九楼
A36. 口腔医学院（口腔医院）
A37. 大学科技园
A38. 小学
A39. 教师公寓区（东村）

Ⓑ 道路 Road

B1. 银杏路
B2. 槐荫路
B3. 丹枫路
B4. 橘香路
B5. 长柏路
B6. 青杨路
B7. 杏林路
B8. 号院西路
B9. 号院东路
B10. 翠桐路

Ⓒ 校门 School Gate

C1. 东北门
C2. 校友门
C3. 西南门
C4. 东南门

Ⓓ 景x
D1. 小教堂

趵突泉校区手绘地图

E 周边 Rim

山大草木图志（趵突泉校区、千佛山校区和兴隆山校区）

商业及服务 **图书馆** Ⓑ **道路** Road Ⓓ **景观** Landscape

医院 **银行** B1. 牛顿路 D1. 大礼堂

停车场 **公交站** B2. 蔡伦路
B3. 库伦路
邮局 ⒶⓂ **自助银行** B4. 张衡路 Ⓔ **周边** Rim
B5. 毕昇路
交通 **餐饮** B6. 焦耳路
B7. 安培路 E1. 千佛山路
B8. 瓦特路 E2. 经十路
Ⓐ **建筑** Building B9. 贝尔路 E3. 文化西路
B10. 李冰路 E4. 经十一路
B11. 鲁班路

A1. 山东大学科技园创业中心
A2. 招待所
A3. 教学一楼 Ⓒ **校门** School Gate
A4. 教学五楼
A5. 电力楼
A6. 舜园餐厅（大学生活动中心）
A7. 华天大厦 C1. 北校园北门
A8. 学生公寓区 C2. 北校园东门
A9. 幼儿园 C3. 北校园南门
A10. 教职工宿舍区 C4. 南校园正门
A11. 附属小学 C5. 南校园西南门
A12. 综合实验楼 C6. 南校园西北门
A13. 附属中学
A14. 浴室
A15. 东配楼
A16. 教学六楼
A17. 西配楼
A18. 校医院
A19. 青年教师公寓
A20. 西苑餐厅
A21. 锅炉房
A22. 冷库
A23. 教学八楼
A24. 教学四楼
A25. 风雨馆
A26. 体育场
A27. 风洞实验室
A28. 游泳馆
A29. 水利实验楼
A30. 道路结构实验室
A31. 土建与水利学院
A32. 图书馆
A33. 体育学院
A34. 教学九号楼
A35. 教学十号楼

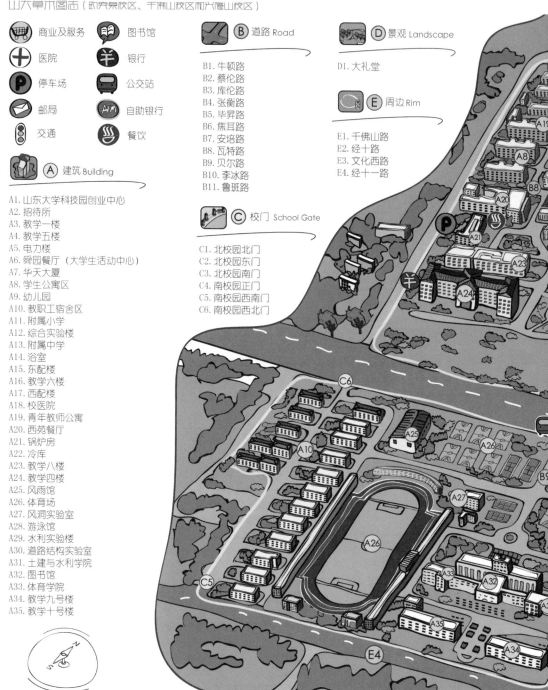

千佛山校区手绘地图

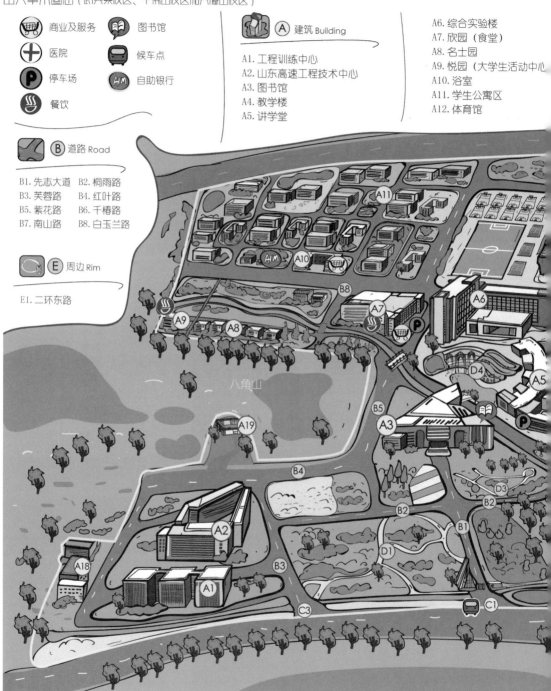

山大草木图志（趵突泉校区、千佛山校区和兴隆山校区）

商业及服务　图书馆　🅐 建筑 Building
医院　候车点　A1. 工程训练中心
停车场　A/M 自助银行　A2. 山东高速工程技术中心
餐饮　A3. 图书馆
　A4. 教学楼
　A5. 讲学堂

🅑 道路 Road
B1. 先志大道　B2. 桐雨路
B3. 芙蓉路　B4. 红叶路
B5. 紫花路　B6. 千椿路
B7. 南山路　B8. 白玉兰路

🅔 周边 Rim
E1. 二环东路

A6. 综合实验楼
A7. 欣园（食堂）
A8. 名士园
A9. 悦园（大学生活动中心
A10. 浴室
A11. 学生公寓区
A12. 体育馆

八角山

兴隆山校区手绘地图

目 录
Content

绿树成荫

yín xìng

银 杏 （《本草纲目》）

银杏科银杏属

白果（《植物名实图考》），公孙树（《汝南圃史》），
鸭脚子（《本草纲目》），鸭掌树（北京）

***Ginkgo biloba* L.**

特征： ①高大落叶乔木，雌雄异株，雄株枝条斜展，雌株枝条开展，枝分长枝和短枝。②叶在长枝上螺旋状散生，在短枝上簇生。叶片扇形，中央2裂，基部楔形，革质，光滑无毛，脉为二叉状；有长柄。③球花单性，雄球花成荑黄状，4~6花生于短枝顶端，下垂，具多数雄蕊；雌球花也生于短枝端，每枝生2~3花，每花具1长柄，柄端二叉，各生1胚珠，通常1胚珠发育成种子。④种子核果状，倒卵形或椭圆形，熟时黄色如杏，微具白粉。

花期3~4月，种子9~10月成熟。

药用价值： 成熟种子可入药，药材名为白果，"敛肺定喘，止带缩尿，用于痰多喘咳，带下白浊，遗尿，尿频。"叶也可入药，药材名为银杏叶，"活血化瘀，通络止痛，敛肺平喘，化浊降脂，用于瘀血阻络，胸痹心痛，中风偏瘫，肺虚咳喘，高脂血症。"（《中国药典》）

位置： 趵突泉校区银杏路（B1）两侧，千佛山校区舜园餐厅（A6）西门，兴隆山校区学生公寓区（A11）。

药材图——白果

药材图——银杏叶

银杏生江南，以宣城者为胜，树高二三丈，叶薄，纵理俨如鸭掌形，有刻缺，面绿背淡，二月开花成簇，青白色，二更开花，随即卸落，人罕见之。一枝结子百十，状如楝子，经霜乃熟，烂去肉，取核为果，其核两头尖，三棱为雄，二棱为雌。其仁嫩时绿色，久则黄。

——明·李时珍《本草纲目》

bái pí sōng

白皮松 （《中国植物志》）

松科松属

白骨松、三针松（河南），白果松（北京），虎皮松（山东），蟠龙松（河北）

Pinus bungeana Zucc. ex Endl.

特征：①乔木，有明显的主干；枝较细长，斜展，形成宽塔形至伞形树冠；幼树树皮光滑，灰绿色，长大后树皮成不规则的薄块片脱落，露出淡黄绿色的新皮，老则树皮呈淡褐灰色或灰白色，裂成不规则的鳞状块片脱落，脱落后近光滑，露出粉白色的内皮，白褐相间成斑鳞状。②针叶3针一束，粗硬，先端尖，边缘有细锯齿；横切面扇状三角形或宽纺锤形。③雄球花卵圆形或椭圆形，多数聚生于新枝基部成穗状。④球果通常单生，初直立，后下垂，成熟前淡绿色，熟时淡黄褐色，卵圆形或圆锥状卵圆形；种鳞矩圆状宽楔形，先端厚，鳞盾近菱形，有横脊，鳞脐生于鳞盾的中央，明显，三角状，顶端有刺，刺之尖头向下反曲；种子灰褐色，近倒卵圆形，种翅短，赤褐色，有关节易脱落。

花期4~5月，球果第二年10~11月成熟。

药用价值：球果入药，药材名为白松塔，"祛痰，止咳，平喘，主治哮喘，咳嗽，气短，痰多。"（《中药大辞典》）

位置：趵突泉校区教学三楼（趵A31）西北角，兴隆山校区学生公寓区（兴A11）。

一眼先是亭亭直上，又刚强又婀娜的白皮松。……白皮松没有多少影子，堂中的明窗净几，坐下来清清楚楚觉得自己太小，在这样高的屋顶下，树影子少，可不热，廊下端详那些松树灵秀的姿态，洁白的皮肤，隐隐的一丝儿凉意便袭上心头。

——朱自清《松堂游记》

huà shān sōng
华山松 （《中国树木分类学》）

松科松属

白松（河南），五须松（四川），果松，青松（云南），五叶松（《中国裸子植物志》）

Pinus armandii Franch.

特征： ①乔木，幼树树皮灰绿色或淡灰色，平滑，老则呈灰色，裂成方形或长方形厚块片固着于树干上，或脱落；枝条平展，形成圆锥形或柱状塔形树冠；一年生枝绿色或灰绿色（干后褐色），无毛，微被白粉。②针叶五针一束，边缘具细锯齿；横切面三角形。③雄球花黄色，卵状圆柱形，基部围有近10枚卵状匙形的鳞片。④球果圆锥状长卵圆形，幼时绿色，成熟时黄色或褐黄色，种鳞张开，种子脱落；中部种鳞近斜方状倒卵形，鳞盾近斜方形或宽三角状斜方形，不具纵脊；种子黄褐色、暗褐色或黑色，倒卵圆形，无翅或两侧及顶端具棱脊。

花期4~5月，球果第二年9~10月成熟。

用途： 木材结构微粗，纹理直，材质轻软，树脂较多，耐久用。可作为建筑、枕木、家具及木纤维工业原料等用材。树干可割取树脂；树皮可提取栲胶；针叶可提炼芳香油；种子可食用，亦可榨油供食用或作为工业用油。华山松材质优良、生长较快，也可作为造林树种。

位置： 千佛山校区主楼（千A12）南 - 东侧花园，兴隆山校区欣园餐厅（兴A7）东侧小树林。

　　《山海经·西山经》云："华山之首，曰钱来之山，其上多松。"《新五代史·一行传》载："（郑）遂闻华山有五粒松，……因徙居华阴欲求之。"《癸辛杂识前集·松五粒》谓："凡松叶皆双股，故世以为松钗。独栝松每穗三须，而高丽所产每穗乃五鬣焉，今所谓华山松是也。"

xuě sōng

雪 松

松科雪松属
香柏（北京）

***Cedrus deodara* (Roxb.) G. Don**

特征： ①乔木，树皮深灰色，裂成不规则的鳞状块片；枝平展、微斜展或微下垂，基部宿存芽鳞向外反曲，小枝常下垂，一年生长枝淡灰黄色，密生短绒毛，微有白粉，二、三年生枝呈灰色、淡褐灰色或深灰色。②叶在长枝上辐射伸展，短枝之叶成簇生状，针形，坚硬，淡绿色或深绿色，上部较宽，先端锐尖，下部渐窄，常成三棱形。③雄球花长卵圆形或椭圆状卵圆形；雌球花卵圆形。④球果成熟前淡绿色，微有白粉，熟时红褐色，卵圆形或宽椭圆形，顶端圆钝，有短梗；中部种鳞扇状倒三角形，上部宽圆，边缘内曲，中部楔状，下部耳形，基部爪状；苞鳞短小；种子近三角状，种翅宽大，较种子为长。

药用价值： 叶、木材入药，药材名为香柏。"清热利湿，散瘀止血，主治痢疾，肠风便血，水肿，风湿痹痛，麻风病。"（《中华本草》）

位置： 趵突泉校区图书馆（趵 A21）南侧、教学七楼（趵 A22）南侧、中心花园（趵 D7），千佛山校区主楼（千 A12）南 - 东侧花园，兴隆山校区欣园餐厅（兴 A7）西门。

　　陈毅曾言："大雪压青松，青松挺且直。要知松高洁，待到雪化时。"白色象征着纯真，绿色代表着希望。我们青年要像这雪松一般，不畏风雨的打击，顽强生长，保持纯洁与美好，充满活力与生机。

（岳家楠）

yóu sōng

油松（河北）

松科松属

短叶松（《中国植物志略》），红皮松（河北东陵），短叶马尾松、东北黑松（《东北木本植物图志》），巨果油松（《中国东北裸子植物研究资料》）

Pinus tabuliformis Carr.

特征： ①常绿乔木，树皮灰褐色，枝条平展或向下伸，树冠近平顶状。②针叶二针一束，粗硬，长 10~15 厘米，叶鞘宿存。③球果卵圆形，熟时不脱落，宿存于枝上，暗紫色，种鳞的鳞盾肥厚，横脊显著，鳞脐凸起有尖刺。④种子具单翅。

花期 5 月，球果次年成熟。

药用价值： 干燥花粉入药，药材名为松花粉，"收敛止血，燥湿敛疮，用于外伤出血，湿疹，黄水疮，皮肤糜烂，脓水淋漓。"干燥瘤状节或分枝节入药，药材名为油松节，"祛风除湿，通络止痛，用于风寒湿痹，历节风痛，转筋挛急，跌打伤痛。"（《中国药典》）

位置： 千佛山校区主楼（千 A12）南 - 西侧花园，兴隆山校区欣园餐厅（兴 A7）东侧小树林。

　　茂盛的油松充满生机，它用坚韧做盾，用活力做矛。它独树一帜，见证了代代学子的成长。春来冬往，它默默守护着这座历史悠久的校园。

（岳家楠）

药材图——油松节

bái qiān
白扦（河北）

松科云杉属

红扦、白儿松、罗汉松（河北），钝叶杉（《中国裸子植物志》），
红扦云杉（《东北木本植物图志》），刺儿松（《经济植物手册》），
毛枝云杉（《中国东北裸子植物研究资料》）

Picea meyeri **Rehd. et Wils.**

特征：①乔木，树皮灰褐色，裂成不规则的薄块片脱落；大枝近平展，树冠塔形；小枝有密生或疏生短毛或无毛，一年生枝黄褐色，二、三年生枝淡黄褐色、淡褐色或褐色。②主枝之叶常辐射伸展，侧枝上面之叶伸展，两侧及下面之叶向上弯伸，四棱状条形，微弯曲，先端钝尖或钝，横切面四棱形。③球果成熟前绿色，熟时褐黄色，矩圆状圆柱形；中部种鳞倒卵形，先端圆或钝三角形，下部宽楔形或微圆，鳞背露出部分有条纹；种子倒卵圆形，种翅淡褐色，倒宽披针形。

花期4月，球果9月下旬至10月上旬成熟。

用途：为我国特有树种，是华北地区高山上部主要的乔木树种之一。木材黄白色、材质较轻软，纹理直，结构细，可供建筑、电杆、桥梁、家具及木纤维工业原料用材。宜作华北地区高山上部的造林树种，亦可栽培作庭园树，生长很慢。

位置：趵突泉校区图书馆（趵A21）东南角别墅旁，千佛山校区主楼（千A12）南 - 东侧花园，兴隆山校区欣园餐厅（兴A7）东侧小树林、学生公寓区（兴A11）。

人类中最美的是少女。树类中最美的是云杉吗？在克什格腾草原上，我第一次拜赏了这美树云杉。她丰姿绰约，娉娉婷婷，紫红的枝柯上生出墨绿的簇形叶来，呈椎状密密层层勃然向上生长，向往着蓝色的穹宇。她更像头戴尖顶风帽身穿墨绿风衣的绝美女子，一个个俨然迎接凯旋将士的仪仗队，楚楚动人。

——桑原《云杉》

shuǐ shān

水 杉 （湖北）

杉科水杉属

Metasequoia glyptostroboides Hu et Cheng

特征：①高大落叶乔木，大枝斜伸，小枝下垂，侧生小枝排成羽状，冬季脱落。②叶条形，在侧生小枝上成羽状排列，冬季与枝一同脱落。③球果下垂，近四棱状圆球形。④种鳞木质，盾形，顶端扁棱形，中央有一横槽，每能育种鳞有种子 5~9 粒；种子扁平，倒卵形，种子周围有窄翅。

花期 2 月下旬，球果 11 月成熟。

药用价值：叶入药，药材名为水杉叶，"清热解毒，消炎止痛，用于疮疡肿毒，癣疮。"（《山东药用植物志》）

位置：趵突泉校区电镜楼（趵 A5）西侧、北侧，教学四楼（趵 A23）东南角。

昆虫喻言葳绒上，脊蝉知鸣水杉旁。
山路来烟沟渠映，上现绛葳纸灯明。
——佚名

cè bǎi
侧柏

柏科侧柏属

黄柏（华北），香柏（河北），扁柏（浙江、安徽），扁桧（江苏），
香树、香柯树（湖北）

***Platycladus orientalis* (L.) Franco**

特征： ①高大常绿乔木，树冠呈尖塔形或圆锥状。树皮薄，红褐色，
常呈纸片状剥落；枝直立，多由树干基部伸出，小枝细柔而直展，扁平。
②叶鳞片状，绿色，交互对生，4 列，背部有腺体。③球花单性，雌
雄同株，单生及顶生。④球果卵状球形，成熟后木质化而坚实，红褐
色；种鳞通常 4 对，顶端及基部各 1 对不育，中间每种鳞有种子 2~3 粒。
种子卵形，褐色，无翅。

　　花期 3~4 月，种子 9~10 月成熟。

药用价值： 种仁入药，药材名为柏子仁，"养心安神，润肠通便，止汗，
用于阴血不足，虚烦失眠，心悸怔忡，肠燥便秘，阴虚盗汗。"叶入药，
药材名为侧柏叶，"凉血止血，化痰止咳，生发乌发，用于吐血，衄
血，咯血，便血，崩漏下血，肺热咳嗽，血热脱发，须发早白。"（《中
国药典》）

位置： 趵突泉校区长柏路（趵 B5）两侧，千佛山校区教学六楼（千
A16）南侧，兴隆山校区欣园餐厅（兴 A7）南侧。

药材图——1. 侧柏叶；2. 柏子仁

　　柏实，生泰山山谷，今处处有之，而乾州者最佳。三月开花，九月结子，候成熟收采，蒸曝干，舂碾取熟仁子用。其叶名侧柏，密州出者，尤佳。虽与他柏相类，而其叶皆侧向而生，功效殊别。

——宋·苏颂《本草图经》

yuán bǎi

圆 柏

柏科圆柏属

桧（《诗经》），刺柏、红心柏（北京），珍珠柏（云南）

Sabina chinensis (L.) Ant.

特征：①乔木，树皮深灰色，纵裂，成条片开裂；幼树的枝条通常斜上伸展，形成尖塔形树冠，老则下部大枝平展，形成广圆形的树冠；生鳞叶的小枝近圆柱形或近四棱形。②叶两型，即刺叶及鳞叶；刺叶生于幼树之上，老龄树则全为鳞叶，壮龄树兼有刺叶与鳞叶；生于一年生小枝的一回分枝的鳞叶三叶轮生，直伸而紧密，近披针形；刺叶三叶交互轮生，斜展，疏松，披针形，有两条白粉带。③雌雄异株，稀同株，雄球花黄色，椭圆形。④球果近圆球形，两年成熟，熟时暗褐色，被白粉或白粉脱落，有1~4粒种子；种子卵圆形，扁，顶端钝，有棱脊及少数树脂槽。

球柏［_Sabina chinensis_ (L.) Ant. cv. 'Globosa'］为圆柏的栽培变种，矮型丛生圆球形灌木，枝密生，叶鳞形，间有刺叶。常用于园林观赏。

药用价值：叶入药，药材名为桧叶，"祛风散寒，活血解毒，主治风寒感冒，风湿关节痛，荨麻疹，阴疽肿毒初起，尿路感染。"（《中药大辞典》）

位置：圆柏分布于趵突泉校区综合楼（趵 A32）南门东侧，千佛山校区主楼（千 A12）南 - 东侧花园。球柏分布于趵突泉校区银杏路南首别墅（趵 D11）南侧花园，兴隆山校区教学楼群（兴 A4）南侧。

　　圆柏郁郁葱葱，像校园里的小卫兵，整整齐齐地排列着。松柏自古被文人津津乐道，因其不畏严寒四季常绿。圆柏还有一个特点就是寿命极长，见证了时代变迁，高耸入云，有着与天比高的气势。

（岳家楠）

máo bái yáng
毛白杨 （《中国树木分类学》）

杨柳科杨属

大叶杨（河南），响杨（《中国高等植物图鉴》），白杨、笨白杨（山东）

***Populus tomentosa* Carrière**

特征： ①乔木，树皮幼时暗灰色，壮时灰绿色，渐变为灰白色，老时基部黑灰色，纵裂，粗糙，皮孔菱形散生；树冠圆锥形至卵圆形或圆形。侧枝开展，雄株斜上，老树枝下垂。②长枝叶阔卵形或三角状卵形，边缘深齿牙缘或波状齿牙缘，上面暗绿色，光滑，下面密生毡毛，后渐脱落；短枝叶通常较小，卵形或三角状卵形，上面暗绿色有金属光泽，下面光滑，具深波状齿牙缘。③雄花序长 10~14 厘米，雄花苞片约具10 个尖头，密生长毛，花药红色；雌花序长 4~7 厘米，苞片褐色，尖裂，沿边缘有长毛。④果序长达 14 厘米；蒴果圆锥形或长卵形，2 瓣裂。

花期 3 月，果期 4 月（河南、陕西）到 5 月（河北、山东）。

药用价值： 树皮或嫩枝入药，药材名为毛白杨，"清热利湿，主治赤白痢疾，日久不止，淋浊白带，急性肝炎，支气管炎，肺炎，蛔虫病，习惯性便秘。"雄花序入药，药材名为杨树花，"清热解毒，化湿止痢，主治细菌性痢疾，肠炎。"（《中药大辞典》）

位置： 趵突泉校区号院东路（趵 B9）南段，千佛山校区舜园餐厅（千 A6）北侧。

chuí liǔ
垂 柳

杨柳科柳属

小杨（《说文》），杨柳（《本草拾遗》），水柳（浙江），青丝柳（《本草求原》），垂丝柳（四川），清明柳（云南）

Salix babylonica L.

特征： ①高大乔木，枝细长而下垂，淡褐黄色，无毛；芽条形，先端急尖。②叶披针形，先端长渐尖，基部楔形，边缘有锯齿；叶柄有短柔毛。③花序先叶开放；雄花序长 1.5~3 厘米，雄蕊 2，花丝与苞片等长或较长，花药红黄色；苞片披针形，外面有毛；腺体 2；雌花序长 2~3 厘米，子房椭圆形，花柱短，柱头 2~4 深裂；苞片同雄花序；腺体 1。④蒴果长 3~4 毫米。

花期 3~4 月，果期 4~5 月。

药用价值： 叶入药，药材名为柳叶，"清热，解毒，利尿，平肝，止痛，透疹，主治咳喘，热淋，石淋，白浊，高血压病等。"枝条入药，药材名为柳枝，"祛风利湿，解毒消肿，主治风湿痹痛，小便淋浊，黄疸，风疹瘙痒。"根入药，药材名为柳根，"利水通淋，祛风除湿，泻火解毒，主治淋证，白浊，水肿。"树皮或根皮入药，药材名为柳白皮，"祛风利湿，消肿止痛，主治风湿骨痛，风肿瘙痒。"（《中药大辞典》）

位置： 兴隆山校区天工湖（兴 D2）岸边。

无力摇风晓色新，细腰争妒看来频。
绿阴未覆长堤水，金穗先迎上苑春。
几处伤心怀远路，一枝和雨送行尘。
东门门外多离别，愁杀朝朝暮暮人。
　　　　　　——唐·杜牧《新柳》

枫 杨

胡桃科枫杨属

柜柳（《尔雅》郭璞注），枫柳（《新修本草》），榉柳、鬼柳（《广群芳谱》），麻柳（《草木便方》），鬼叶柳（贵州），燕子树、柳丝子、平柳（山东），水槐树（江苏），槐柳、平阳柳、蜈蚣柳（安徽），溪沟树、枸树（浙江），嵌宝枫（台湾）

Pterocarya stenoptera C. DC.

特征： ①高大乔木，裸芽，密被锈褐色腺鳞。②多为偶数羽状复叶，叶轴有窄翅，小叶 10~20，基部偏斜，有细锯齿，两面有小腺鳞，下面脉腋有簇生毛。③雄花序长 6~10 厘米，生于二年生枝条上，雄蕊 5~12 枚；雌花序顶生，长 10~15 厘米，花序轴密生星状毛及单毛；雌花几无梗。④果序长达 40 厘米，坚果有狭翅。

花期 4 月，果期 8~9 月。

药用价值： 树皮入药，药材名为枫柳皮，"祛风止痛，杀虫，敛疮，用于风湿麻木，寒湿骨痛，头颅伤痛，病痛，疥癣，浮肿，痔疮，烫伤，溃疡日久不敛。"果实入药，药材名为麻柳果，"温肺止咳，解毒敛疮，用于风寒咳嗽，疮疡肿毒，天疱疮。"（《中华本草》）

根或根皮入药，药材名为麻柳树根，"祛风散寒，止痛，解毒敛疮，用于风湿痹痛，牙痛，疥癣，疮疡肿毒，溃疡日久不敛，汤火烫伤。"叶入药，药材名为麻柳叶，"祛风杀虫，解毒敛疮，用于风湿痹痛，牙痛，疥癣，湿疹，溃疡不敛，烫伤，咳嗽气喘。"（《中药大辞典》）

位置： 兴隆山校区欣园餐厅（兴 A7）东侧小树林。

櫸柳一名鬼柳。本草云：其树高举，其
木如柳，故名，山人讹为鬼柳。郭璞注《尔雅》
作柜柳，云似柳皮可煮饮也。多生溪涧水侧，
木大者高四五丈，合二三人抱，叶似柳非柳，
似槐非槐，材红紫，作箱案之类甚佳。
　　　　　　——明·王象晋《群芳谱》

dù zhòng

杜仲 （《中国高等植物图鉴》）

杜仲科杜仲属

思仙（《神农本草经》），思仲、木棉（《名医别录》），檰（《本草图经》），石思仙（《本草衍义补遗》），扯丝皮（《湖南药物志》），丝连皮（《中药志》）

Eucommia ulmoides Oliver

特征： ①乔木，树皮、叶和果实折断时均有银白色胶丝。②叶卵状椭圆形或长圆状卵形，先端渐尖，仅背面脉上被长柔毛，侧脉 6~9 对，边缘具细锯齿；有叶柄。③花单性异株，雄花具苞片，簇生成头状花序状，生于短梗上；雌花单生于每 1 苞腋内。④具翅小坚果，长椭圆形，先端有凹口。

花期 4~5 月，果期 7~8 月。

药用价值： 树皮入药，药材名为杜仲，"补肝肾，强筋骨，安胎，用于肝肾不足，腰膝酸痛，筋骨无力，头晕目眩，妊娠漏血，胎动不安。"叶入药，药材名为杜仲叶，"补肝肾，强筋骨，用于肝肾不足，头晕目眩，腰膝酸痛，筋骨痿软。"（《中国药典》）

位置： 趵突泉校区药圃（趵 D13）。

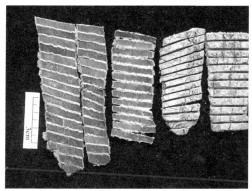

药材图——杜仲

药材图——杜仲叶

传说，古时候有位叫杜仲的大夫，一天他进山采药，看见一棵树的树皮里有像"筋"一样的多条白丝"筋骨"。他想人若吃了这"筋骨"，会像树一样筋骨强健吗？于是，他下决心尝试一下。几天后，他身体不仅无不良反应，反而自觉精神抖擞，腰、腿也轻松了，他又服用一段时间后，变得身轻体健。于是，人们便把这种植物叫"思仲"，后来干脆唤作"杜仲"。

(曲勇晓)

sāng

桑 （《神农本草经》）

桑科桑属

家桑（四川），桑树（通称）

***Morus alba* L.**

特征： ①乔木或灌木，树皮厚，灰色，具不规则浅纵裂；冬芽红褐色，卵形；小枝有细毛。②叶卵形或广卵形，先端急尖、渐尖或圆钝，基部圆形至浅心形，边缘锯齿粗钝，表面鲜绿色，无毛，背面沿脉有疏毛，脉腋有簇毛。③花单性，腋生或生于芽鳞腋内，与叶同时生出。雄花序下垂，密被白色柔毛，雄花花被片宽椭圆形，淡绿色。花丝在芽时内折，球形至肾形，纵裂；雌花无梗，花被片倒卵形，顶端圆钝，两侧紧抱子房。④聚花果卵状椭圆形，成熟时红色或暗紫色。

花期 4~5 月，果期 5~8 月。

药用价值： 根皮入药，药材名为桑白皮，"泻肺平喘，利水消肿，用于肺热喘咳，水肿胀满尿少，面目肌肤浮肿。"果穗入药，药材名为桑椹，"滋阴补血，生津润燥，用于肝肾阴虚，眩晕耳鸣，心悸失眠，须发早白，津伤口渴，内热消渴，肠燥便秘。"嫩枝入药，药材名为桑枝，"祛风湿，利关节，用于风湿痹病，肩臂、关节酸痛麻木。"叶入药，药材名为桑叶，"疏散风热，清肺润燥，清肝明目，用于风热感冒，肺热燥咳，头晕头痛，目赤昏花。"（《中国药典》）

位置： 趵突泉校区药圃（趵 D13），兴隆山校区欣园餐厅（兴 A7）东侧小树林。

1

2

桑叶，得麦冬治劳热；得生地、阿胶、石膏、枇杷叶，治肺燥咳血；得黑芝麻炼蜜为丸，除湿祛风明目。以之代茶，取经霜者，常服治盗汗，洗眼去风泪。

——清·陈其瑞《本草撮要》

3

4

药材图——1.桑白皮；2.桑枝；3.桑叶；4.桑葚

èr　qiú xuán líng mù
二球悬铃木（《中国树木分类学》）

悬铃木科悬铃木属
英国梧桐（通称）

Platanus acerifolia **Willd.**

特征：①落叶大乔木，树皮光滑，大片块状脱落；嫩枝密生灰黄色绒毛；老枝秃净，红褐色。②叶阔卵形，上下两面嫩时有灰黄色毛被，下面的毛被更厚而密，以后变秃净，仅在背脉腋内有毛；基部截形或微心形，上部掌状 5 裂，有时 7 裂或 3 裂；中央裂片阔三角形，宽度与长度约相等；裂片全缘或有 1~2 个粗大锯齿。③花通常 4 数。雄花的萼片卵形，被毛；花瓣矩圆形，长为萼片的 2 倍；雄蕊比花瓣长，盾形药隔有毛。④果枝有头状果序 1~2 个，稀为 3 个，常下垂；宿存花柱刺状，坚果之间无突出的绒毛，或有极短的毛。

用途：二球悬铃木树冠广展，叶大荫浓，夏季降温效果极为显著。适应性强，又耐修剪整形，是优良的行道树种。广泛应用于城市绿化，在园林中孤植于草坪或旷地，列植于甬道两旁。又因其对多种有毒气体抗性较强，并能吸收有害气体，作为街坊、厂矿绿化颇为合适。

位置：趵突泉校区翠桐路（趵 B10）两侧，兴隆山校区欣园餐厅（兴 A7）西门北侧小树林。

　　二球悬铃木是由一球悬铃木（又叫美国梧桐）和三球悬铃木（又叫法国梧桐）作亲本杂交而成。因为是杂交，没有原产地；又因为是 1640 年在英国伦敦育成，后由伦敦引种到世界各地，广泛栽培，亦被称为英国梧桐。中国最早引种悬铃木是在公元 401 年，印度高僧鸠摩罗什到中国传播佛教，种植悬铃木于西安附近的户县古庙前。

huái
槐 （《神农本草经》）

豆科槐属

守宫槐（《群芳谱》），槐花木、槐花树、豆槐、金药树

***Sophora japonica* Linn.**

特征： ①落叶乔木，树皮灰褐色，具纵裂纹。②奇数羽状复叶，小叶对生或近互生，卵状长圆形，先端急尖，基部圆形或宽楔形，下面有伏毛及白粉。③圆锥花序顶生；萼钟状；蝶形花冠，黄白色，旗瓣近卵形，先端凹，基部具短爪，有紫脉纹，翼瓣与龙骨瓣近等长，同形，具2耳；雄蕊10枚，不等长。④荚果念珠状，肉质，不裂。种子卵球形，淡黄绿色，干后黑褐色

　　花期7~8月，果期10月。

药用价值： 花及花蕾入药，药材名为槐花，"凉血止血，清肝泻火，用于便血，痔血，血痢，崩漏，吐血，通血，肝热目赤，头痛眩晕。"果实入药，药材名为槐角，"清热泻火，凉血止血，用于肠热便血，痔肿出血，肝热头痛，眩晕目赤。"（《中国药典》）

位置： 趵突泉校区槐荫路（趵B2）两侧，千佛山校区舜园餐厅（千A6）北侧，兴隆山校区学生公寓区（兴A11）。

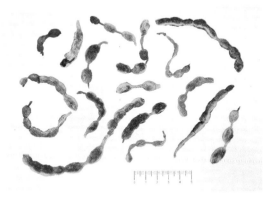

药材图——槐角

药材图——槐花

忆我初来时，草木向衰歇。高槐虽经秋，晚蝉犹抱叶。

淹留未云几，离离见疏荚。栖鸦寒不去，哀叫饱啄雪。

破巢带空枝，疏影挂残月。岂无两翅羽，伴我此愁绝。

——宋·苏轼《槐》

lóng zhǎo huái

龙爪槐 （《河北习见树木图说》）

豆科槐属

蟠槐、倒栽槐

***Sophora japonica* Linn. var. *japonica* f. *pendula* Hort.**

特征： ①乔木，树皮灰褐色，具纵裂纹。枝和小枝均下垂，并向不同方向弯曲盘旋，形似龙爪。②羽状复叶；小叶 4~7 对，对生或近互生，卵状披针形或卵状长圆形，先端渐尖，具小尖头，基部宽楔形或近圆形，稍偏斜，下面灰白色。③圆锥花序顶生；花梗比花萼短；花萼浅钟状；花冠白色或淡黄色，旗瓣近圆形，具短柄，有紫色脉纹，先端微缺，基部浅心形，翼瓣卵状长圆形，先端浑圆，基部斜戟形，无皱褶，龙骨瓣阔卵状长圆形，与翼瓣等长；雄蕊近分离，宿存；子房近无毛。④荚果串珠状，种子间缢缩不明显，种子排列较紧密，具肉质果皮，成熟后不开裂，具种子 1~6 粒；种子卵球形，淡黄绿色，干后黑褐色。

花期 7~8 月，果期 8~10 月。

用途： 龙爪槐姿态优美，是优良的园林树种。园林绿化应用较多，常作为门庭及道旁树；或作庭荫树；或置于草坪中作观赏树。

位置： 趵突泉校区杏园餐厅（趵 A27）西门，千佛山校区主楼（千 A12）南 - 东侧花园。

　　徐元扈曰："晋人多食槐叶，又槐叶枯落者，亦拾取和米煮饭食之。"尝见曹都谏真予述其乡先生某云："世间真味，独有二种，谓槐叶煮饭、蔓菁煮饭也。"

——清·吴其浚《植物名实图考》

　　槐花，今染家亦用，收时折其未开花，煮一沸，出之。釜中有所澄，下稠黄滓渗漉为饼，染色更鲜明。

——宋·寇宗奭《本草衍义》

cì huái

刺槐（《华北经济植物志要》）

豆科刺槐属

洋槐（《中国树木分类学》）

Robinia pseudoacacia L.

特征：①落叶乔木，树皮灰褐色至黑褐色，浅裂至深纵裂，稀光滑。小枝灰褐色；具托叶刺。②羽状复叶叶轴上面具沟槽；小叶常对生，椭圆形、长椭圆形或卵形，先端圆，微凹，具小尖头，基部圆至阔楔形，全缘，上面绿色，下面灰绿色。③总状花序腋生，下垂，花多数，芳香；苞片早落；花萼斜钟状，三角形至卵状三角形，密被柔毛；花冠白色，各瓣均具瓣柄，旗瓣近圆形，先端凹缺，基部圆，反折，内有黄斑，翼瓣斜倒卵形，与旗瓣几等长，基部一侧具圆耳，龙骨瓣镰状，三角形，与翼瓣等长或稍短，前缘合生，先端钝尖；雄蕊二体，对旗瓣的1枚分离；子房线形。④荚果褐色，或具红褐色斑纹，线状长圆形，扁平，先端上弯，具尖头，果颈短，沿腹缝线具狭翅；种子褐色至黑褐色，微具光泽，有时具斑纹，近肾形，种脐圆形，偏于一端。

花期4~6月，果期8~9月。

药用价值：花入药，药材名为刺槐花，"平肝，止血，主治头痛，肠风下血，咯血，吐血，血崩。"（《中药大辞典》）

位置：趵突泉校区图书馆（趵A21）西侧，千佛山校区东侧学生公寓区（千A8）。

　　无花点缀的五月，绿色世界显得呆板，凝重。刺槐感知到这个缺憾，来不及绽开新叶，一夜间悄悄地吐出一串串的花朵。刺槐花开放得极具个性，花瓣像两片洁白的蝉翼合在一起，护住淡黄色的花串挂于枝头。微风徐来，宛若少女扭动纤细的腰肢。幽幽清香散发出来，使空气变得柔润滑腻，直扑人的鼻孔，穿透人的肺腑。独特的香味，虽不及八月桂花浓烈，却淡雅甘绵，回味无穷。极目远眺，但见远处的山岗上，间杂在万绿丛中的刺槐花开得正艳。像不经意间天上滑落的白云飘浮在树林中，好一副银装素裹的壮美。

——诸柏林《刺槐》

liàn
棟 （《神农本草经》）

棟科棟属

苦楝（通称），楝树、紫花树（江苏），森树（广东）

***Melia azedarach* L.**

特征： ①落叶乔木，树皮灰褐色，纵裂。②叶为 2~3 回奇数羽状复叶；小叶对生，卵形、椭圆形至披针形，顶生一片通常略大，先端短渐尖，基部楔形或宽楔形，多少偏斜，边缘有钝锯齿，幼时被星状毛，后两面均无毛。③圆锥花序约与叶等长，无毛或幼时被鳞片状短柔毛；花芳香；花萼 5 深裂，裂片卵形或长圆状卵形；花瓣淡紫色，倒卵状匙形，两面均被微柔毛，通常外面较密；雄蕊管紫色，无毛或近无毛，有纵细脉，花药 10 枚，着生于裂片内侧，且与裂片互生；子房近球形，花柱细长，柱头头状，顶端具 5 齿，不伸出雄蕊管。④核果球形至椭圆形，内果皮木质，4~5 室，每室有种子 1 颗；种子椭圆形。

花期 4~5 月，果期 10~12 月。

药用价值： 树皮和根皮入药，药材名为苦楝皮，"杀虫，疗癣，用于蛔虫病，蛲虫病，虫积腹痛；外治疥癣瘙痒。"（《中国药典》）

果实入药，药材名为苦楝子，"行气止痛，杀虫，主治脘腹胁肋疼痛，疝痛，虫积腹痛，乳痈，头癣，冻疮。" 花入药，药材名为苦楝花，"清热，杀虫，主治热痱，头癣。" 叶入药，药材名为苦楝叶，"燥湿，行气，止痛，杀虫，主治湿疹瘙痒，疮癣疥癞，疝气疼痛，跌打肿痛，蛇虫咬伤。"（《中药大辞典》）

位置： 趵突泉校区教学七楼（趵 A22）东南。

　　楝实，即金铃子也。生荆山山谷，今处处有之，以蜀川者为佳。木高丈余，叶密如槐而
长；三、四月开花，红紫色，芬香满庭间；实如弹丸，生青熟黄，十二月采实；其根采无时。
此种有雌雄：雄者根赤，无子，有大毒；雌者根白，有子，微毒。当用雌者。俗间谓之苦楝子。

——宋·苏颂《本草图经》

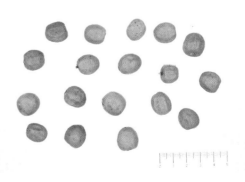

药材图——苦楝子

chòu chūn
臭 椿 （《本草纲目》）

苦木科臭椿属
樗、栲（古称），山椿、鬼目（《本草图经》），虎目（《本草拾遗》），
虎眼树（《四声本草》），大眼桐（《纲目》）

***Ailanthus altissima* (Mill.) Swingle**

特征：①落叶乔木。②奇数羽状复叶，小叶披针形或卵状披针形，近基部有2~4粗齿，齿端各具1腺体。③圆锥花序，顶生；花杂性，白色带绿；萼片卵形，花瓣长圆形，中部以下具绒毛；心皮5片，花柱合生，柱头5裂。④翅果，长圆状椭圆形。

花期6~7月，果期7~9月。

药用价值：根皮或干皮入药，药材名为椿皮（樗白皮），"清热燥湿，收涩止带，止泻，止血，用于赤白带下，湿热泻痢，久泻久痢，便血，崩漏。"（《中国药典》）

果实入药，药材名为凤眼草，"清热燥湿，止痢，止血，主治痢疾，白浊，带下，便血，尿血，崩漏。"（《中药大辞典》）

位置：趵突泉校区药厂楼（趵 A10）西侧，兴隆山校区千椿路（兴B6）两侧。

药材图——椿皮

椿木、樗木，旧并不载所出州土，今南北皆有之。二木形干大抵相类，但椿木实而叶香可啖，樗木疏而气臭，膳夫亦能熬去其气，北人呼樗为山椿，江东人呼为鬼目，叶脱处有痕如樗蒲子，又如眼目，故得此名。其木最为无用。《庄子》所谓吾有大木，人谓之樗，其本拥肿不中绳墨，小枝曲拳不中规矩，立于途，匠者不顾是也。并采无时。

——宋·苏颂《本草图经》

xiāng chūn

香 椿

楝科香椿属

椿（《唐本草》），春阳树（四川），春甜树（湖北、四川），椿芽（广西），毛椿（云南）

***Toona sinensis* (A. Juss.) Roem.**

特征：①乔木，树皮粗糙，深褐色，片状脱落。②叶具长柄，偶数羽状复叶，小叶对生或互生，纸质，卵状披针形或卵状长椭圆形，全缘或有疏离的小锯齿，两面均无毛，无斑点，背面常呈粉绿色。③圆锥花序与叶等长或更长；花萼5齿裂或浅波状，花瓣5片，白色，长圆形，先端钝。④蒴果狭椭圆形，深褐色，有小而苍白色的皮孔，果瓣薄。种子上端有膜质的长翅。

花期6~8月，果期10~12月。

药用价值：果实入药，药材名为香椿子，"祛风，散寒，止痛，主治外感风寒，风湿痹痛，胃痛，疝气痛，痢疾。"树皮或根皮入药，药材名为椿白皮，"清热燥湿，止血，杀虫，主治泄泻，痢疾，吐血，胃及十二指肠溃疡，肠风便血，崩漏，带下，蛔虫病，丝虫病，疮疥癣癞。"叶入药，药材名为椿叶，"祛暑化湿，解毒，杀虫，主治暑湿伤中，呕吐，泄泻，痢疾，痈疽肿毒，疥疮，白秃。"（《中药大辞典》）

位置：趵突泉校区教学七楼（趵A22）南别墅东侧。

药材图——香椿子

《本草纲目》记载："椿、樗、栲，乃一木三种也。椿木皮细肌实而赤，嫩叶香甘可茹。樗木皮粗肌虚而白，其叶臭恶，歉年人或采食……"书中"椿"即今之香椿，"樗"即今之臭椿。

bái dù

白杜（《亨利氏中国植物名录》）

卫矛科卫矛属

丝棉木（《贵州民间药物》），明开夜合（《亨利植物汉名表》），白桃树（《上海常用中草药》），野杜仲、白樟树、南仲根（《浙江民间常用草药》），白皂树（《中国树木志略》），马氏卫矛（《河北习见树木图说》），华北卫矛、桃叶卫矛（《中国树木分类学》）

Euonymus maackii Rupr.

特征：①小乔木，高可达 6 米。②叶卵状椭圆形、卵圆形或窄椭圆形，先端长渐尖，基部阔楔形或近圆形，边缘具细锯齿，有时极深而锐利；叶柄通常细长，常为叶片的1/4~1/3。③聚伞花序 3 至多花；花 4 数，淡白绿色或黄绿色；雄蕊花药紫红色，花丝细长。④蒴果倒圆心状，4 浅裂，成熟后果皮粉红色；种子长椭圆状，种皮棕黄色，假种皮橙红色，全包种子，成熟后顶端常有小口。

花期 5~6 月，果期 9 月。

药用价值：根和树皮入药，药材名为丝棉木，"祛风除湿，活血，止血，主治风湿痹痛，腰痛，跌打伤肿，脱疽，肺痈，衄血，疔疮肿毒。"叶入药，药材名为丝棉木叶，"清热解毒，主治漆疮，痈肿。"（《中药大辞典》）

位置：兴隆山校区欣园餐厅（兴 A7）东侧小树林。

　　白杜的花语是"平平淡淡总是真"，它还有两个独特的别名，有文云："明开夜合树，本名卫芽。初夏开小白花，昼开夜闭，故名明开夜合。"此外由于树皮纤维柔软，可用于织布、造纸等，又称为丝棉木。

　　若在庭前种上一株白杜，初夏观那小白花明开夜合，初秋观那鲜艳蒴果引得鸟雀成群，再沏上一壶白杜叶泡的茶，把玩用白杜枝干雕刻的小物件，的确是平平淡淡的美好生活呢！

（曹冰）

yuán bǎo qì

元 宝 槭 （《东北木本植物图志》）

槭树科槭属

元宝树（《河北习见植物图说》），平基槭（《经济植物手册》），
五脚树（《中国树木分类学》），槭（《说文解字》）

Acer truncatum **Bunge**

特征：①落叶乔木，单叶，宽长圆形，掌状 5 裂，裂片三角形，先端渐尖，有时裂片上半部又侧生 2 小裂片，叶基部截形，掌状脉 5 条。②花杂性同株，常 6~10 花组成顶生的伞房花序；萼片黄绿色，长圆形；花瓣黄色，长圆状卵形；雄蕊 4~8 枚，生于花盘内缘；花盘边缘有缺凹。③翅果果体扁平，有不明显的脉纹；两果翅开张成直角或钝角。

　　花期 4~5 月，果期 8~10 月。

药用价值：根皮入药，药材名为元宝槭，"祛风除湿，舒筋活络，主治腰背疼痛。"（《中华本草》）

位置：趵突泉校区中心花园（趵 D6），千佛山校区舜园餐厅（千 A6）西门，兴隆山校区学生公寓区（兴 A11）。

　　秋风吹拂，将元宝槭吹成黄褐色，与绿油油的
草地形成独特景观。一片片的叶子飘浮在空中，落
在灰白的地砖上，落在行人的身后，落在草丛中。
我伸出手，希望一片叶子飘来，我想给它取个名字，
夹在书里，永久留存。

　　　　　　　　　　　　　　　　　（岳家楠）

luán shù

栾 树 （《正字通》）

无患子科栾树属

木栾（《救荒本草》）、栾华（《植物名实图考》），五乌拉叶（甘肃），乌拉（河北），石栾树（浙江），乌拉胶，黑色叶树（河北），黑叶树、木栏牙（河南）

***Koelreuteria paniculata* Laxm.**

特征： ①落叶乔木或灌木，树皮厚，灰褐色至灰黑色，老时纵裂；小枝具疣点，与叶轴、叶柄均被皱曲的短柔毛或无毛。②叶丛生于当年生枝上，平展，一回、不完全二回或偶有为二回羽状复叶，小叶无柄或具极短的柄，对生或互生，卵形、阔卵形至卵状披针形，边缘有不规则的钝锯齿。③聚伞圆锥花序，分枝长而广展，在末次分枝上的聚伞花序具花3~6朵，密集呈头状；花淡黄色，稍芬芳；花瓣4片，开花时向外反折，线状长圆形，瓣片基部的鳞片初时黄色，开花时橙红色，参差不齐的深裂；花盘偏斜，有圆钝小裂片；子房三棱形。④蒴果圆锥形，具3棱，顶端渐尖，果瓣卵形，外面有网纹，内面平滑且略有光泽；种子近球形。

花期6~8月，果期9~10月。

药用价值： 花入药，药材名为栾华，"清肝明目，主治目赤肿痛，多泪。"（《中药大辞典》）

位置： 趵突泉校区教学九楼（趵A35）南侧、翠桐路（趵B10）两侧。

　　此树叶似木槿而薄细。花黄似槐而稍长大。子壳似酸浆，其中有实如熟豌豆，圆黑坚硬，堪为数珠者，是也。五月、六月花可收，南人取合黄连作煎，疗目赤烂大效，花以染黄色甚鲜好。

——唐·苏敬《新修本草》

wú tóng

梧桐（《诗经》）

梧桐科梧桐属

***Firmiana platanifolia* (L. f.) Marsili**

特征：①落叶乔木，树皮青绿色，平滑。②叶心形，裂片三角形，顶端渐尖，基部心形，两面均无毛或略被短柔毛。③圆锥花序顶生，花淡黄绿色；萼5深裂几至基部，萼片条形，向外卷曲；花梗与花几等长；雄花的雌雄蕊柄与萼等长，下半部较粗，花药15个不规则地聚集在雌雄蕊柄的顶端；雌花的子房圆球形，被毛。④蓇葖果膜质，有柄，成熟前开裂成叶状，每蓇葖果有种子2~4个；种子圆球形，表面有绉纹。花期6~7月，果期9~10月。

药用价值：树皮入药，药材名为梧桐白皮，"祛风除湿，活血通经，主治风湿痹痛，痔疮，脱肛，丹毒，恶疮，月经不调，跌打损伤。"根入药，药材名为梧桐根，"祛风除湿，活血通经，杀虫，主治风湿关节疼痛，淋证，白带，月经不调，跌打损伤，血丝虫病，蛔虫病。"花入药，药材名为梧桐花，"利水消肿，清热解毒，主治水肿，小便不利，创伤红肿，头癣，汤火伤。"叶入药，药材名为梧桐叶，"祛风除湿，解毒消肿，降压，主治风湿痹痛麻木，泻痢，跌打损伤，痈疮肿毒，痔疮，高压血病。"种子入药，药材名为梧桐子，"健脾消食，益肺固肾，止血，主治伤食腹痛腹泻，哮喘，疝气，须发早白，鼻衄。"（《中药大辞典》）

位置：趵突泉校区200号院（趵A29）西北角、教学九楼（趵A35）北侧。

树似桐而皮青不皱，其木无节直生，理
细而性紧。叶似桐而稍小，光滑有尖。其花
细蕊，坠下如醭。其荚长三寸许，五片合成，
老则裂开如箕，谓之龖鄂。其子缀于龖鄂上，
多者五六，少或二三。子大如胡椒，其皮皱。

——明·李时珍《本草纲目》

bái là shù

白 蜡 树 （《中国树木分类学》）

木犀科梣属

梣、青榔木、白荆树（别名）

***Fraxinus chinensis* Roxb.**

特征： ①乔木，小枝黄褐色。②奇数羽状复叶，对生，小叶通常 7 片；小叶硬纸质，卵形，先端渐尖或钝，基部钝圆或楔形，边缘有整齐锯齿，侧脉 8~10 对。③圆锥花序顶生或侧生于当年生枝上，疏松；雌雄异株。④雄花花萼钟状，不整齐 4 裂，无花瓣，雄蕊 2 枚。花药卵形，与花丝近等长；雌蕊花萼筒状，4 裂，柱头 2 裂。⑤翅果倒披针形，先端锐尖、钝或微凹，基部渐狭；种子 1 粒。

　　花期 4~5 月，果期 7~9 月。

药用价值： 干皮或枝皮入药，药材名为"秦皮"，"清热燥湿，收涩止痢，止带，明目，用于湿热泻痢，赤白带下，目赤肿痛，目生翳膜。"（《中国药典》）

其他用途： 主要经济用途为放养白蜡虫生产白蜡，尤以西南各省栽培最盛。植株萌发力强，材理通直，生长迅速，柔软坚韧，供编制各种用具。（《中国植物志》）

位置： 趵突泉校区图书馆（趵 A21）北侧，兴隆山校区学生公寓区（兴 A11）。

药材图——秦皮

白蜡树的黄是纯粹的、透明的，不夹带一点点杂质。它的枝干不像银杏树那样上下左右，直来直去，而是婉约的如同山涧里辗转的溪水，一阵风吹过，叶子似秋波流动，一片片娇柔喘息着，将那举世耀眼的黄舒展成秋天的底色。

——千鹤《白蜡树的秋天》

nǚ zhēn
女贞（《神农本草经》）

木犀科女贞属

桢木（《山海经》），小叶冻青（《医林纂要》），冬青、蜡树（《本草纲目》），女贞木（《典术》），水蜡树（《植物名实图考》），鼠梓木（《新本草纲目》），白蜡树（广西）

Ligustrum lucidum **Ait.**

特征： ①常绿乔木或灌木。②叶对生，革质，卵形、广卵形、椭圆形至卵状披针形，先端渐尖或钝尖，基部圆形至宽楔形；中脉表面凹下，背面凸起。③圆锥花序，顶生，苞片短小，卵状三角形；花乳白色；萼钟形；花冠筒与萼等长，4裂，裂片向外反卷；雄蕊2枚，着生于花冠喉部；子房上位，柱头2裂。④核果长圆形，或近肾形，成熟后蓝黑色。

　　花期7月，果期10月。

药用价值： 果实入药，药材名为女贞子，"滋补肝肾，明目乌发，用于肝肾阴虚，眩晕耳鸣，腰膝酸软，须发早白，目暗不明，内热消渴，骨蒸潮热。"（《中国药典》）

　　叶入药，药材名女贞叶，"明目解毒，消肿止咳，主治头目昏痛，风热赤眼，口舌生疮，牙龈肿痛，疮肿溃烂，水火烫伤，肺热咳嗽。"树皮入药，药材名女贞皮。强筋健骨，"清热解毒，主治腰膝酸痛，两脚无力，水火烫伤。"（《中药大辞典》）

位置： 趵突泉校区护理学院（趵A34）东侧，千佛山校区主楼（千A12）南 - 东侧花园，兴隆山校区欣园餐厅（兴A7）南侧。

　　此木凌冬青翠，有贞守之操，故以女贞状之。……东人因女贞茂盛，亦呼为冬青，与冬青同名异物，盖一类二种尔。二种皆因子自生，最易长。其叶厚而柔长，绿色，面青背淡。女贞叶长者四五寸，子黑色；冻青叶微团，子红色，为异。其花皆繁，子并累累满树，冬月鹳鸰喜食之，木肌皆白腻。今人不知女贞，但呼为蜡树。

——明·李时珍《本草纲目》

药材图——女贞子

lán kǎo pāo tóng

兰考泡桐

玄参科泡桐属

***Paulownia elongata* S. Y. Hu**

特征：①乔木，高达 10 米以上，树冠宽圆锥形，全体具星状绒毛；小枝褐色，有凸起的皮孔。②叶片通常呈卵状心脏形，有时具不规则的角，顶端渐狭长而锐头，基部心脏形或近圆形，上面毛不久脱落，下面密被无柄的树枝状毛。③花序枝的侧枝不发达，故花序呈金字塔形或狭圆锥形；萼倒圆锥形，基部渐狭，分裂至 1/3 左右成 5 枚卵状三角形的齿，管部的毛易脱落；花冠漏斗状钟形，紫色至粉白色，管在基部以上稍弓曲，外面有腺毛和星状毛，内面无毛而有紫色细小斑点，子房和花柱有腺。④蒴果卵形，有星状绒毛，宿萼碟状。

花期 4~5 月，果期秋季。

用途：本树种干形较好，树冠稀疏，发叶晚，生长快，吸收根主要集中在 40 厘米以下的土层内，不与一般农作物争夺养料，适于农桐间作。木材具有防潮耐腐、不翘不裂、导音性强、易于加工的特点，是很好的家具、建筑、工业用材。兰考泡桐在花落之后长出大叶，叶子密而大，形成的树荫具有很好的隔光效果，是优良的绿化和行道树木。

位置：趵突泉校区教学四楼（趵 A23）南侧。

　　华而不实者为白桐。白桐冬结似子者，乃是明年之华房，非子也。……叶大径尺，最易生长。皮色粗白，其木轻虚，不生虫蛀，作器物、屋柱甚良。二月开花，如牵牛花而白色。结实大如巨枣，长寸余，壳内有子片，轻虚如榆荚、葵实之状，老则壳裂，随风飘扬。

——明·李时珍《本草纲目》

máo pāo tóng

毛泡桐 （《东北木本植物图志》）

玄参科泡桐属

Paulownia tomentosa (Thunb.) Steud.

特征： ①乔木，幼枝绿褐色，有黏质腺毛及分枝毛。②叶阔卵形，全缘，上面有长柔毛、腺毛及分枝毛，无光泽，下面密生灰白色树枝状毛或腺毛；叶柄密被腺毛及分枝毛。③大型圆锥花序，聚伞式小花序有长总梗，且与花梗近等长；花蕾近球形，密生黄色毛，在秋季形成；萼阔钟形，5深裂，裂深达1/2以上，外面密被黄褐色毛；花冠钟形，5裂，二唇形，鲜紫色，外面有腺毛，内面几无毛，有紫色斑点、条纹及黄色条带。④果卵球形，顶端急尖，基部圆形，表面有黏质腺毛，果皮薄而脆。

花期4~5月，果期8~9月。

药用价值： 叶入药,药材名为泡桐叶,"清热解毒,止血消肿,主治痈疽,疔疮肿毒,创伤出血。" 花入药,药材名为泡桐花,"清肺利咽,解毒消肿,主治肺热咳嗽,急性扁桃体炎,菌痢,急性肠炎,急性结膜炎,腮腺炎,疖肿,疮癣。" 果实入药,药材名为泡桐果,"化痰,止咳,平喘,主治慢性支气管炎,咳嗽咯痰。" 根入药,药材名为泡桐根,"祛风止痛,解毒活血。主治风湿热痹,筋骨疼痛,疮疡肿痛,跌打损伤。" 树皮入药,药材名为泡桐树皮,"祛风除湿,消肿解毒,主治风湿热痹,淋病,丹毒,痔疮肿毒,肠风下血,外伤肿痛,骨折。"(《中药大辞典》)

位置： 趵突泉校区教学八楼（趵 A20）东侧，千佛山校区附属中学（千 A13）东侧。

本种和兰考泡桐相近，区别在于本种叶片通常阔卵形、全缘；花萼分裂深达1/2以上，花冠漏斗状钟形；蒴果表面有黏质腺毛；后者叶片为卵状心脏形，有时具不规则的角；花萼分裂至1/3左右，花冠管在基部以上稍弓曲；果实有星状绒毛。

(赵宇)

qiū

楸（《庄子》）

紫葳科梓属

楸树（《中国树木分类学》），木王（《埤雅》），旱楸蒜薹、水桐（《全国中草药汇编》）

***Catalpa bungei* C. A. Mey.**

特征： ①小乔木。②叶三角状卵形或卵状长圆形，顶端长渐尖，基部截形、阔楔形或心形，有时基部具有1~2牙齿，叶面深绿色，叶背无毛。③顶生伞房状总状花序，有花2~12朵。花萼蕾时圆球形，2唇开裂，顶端有2尖齿。花冠淡红色，内面具有2条黄色条纹及暗紫色斑点。④蒴果线形。种子狭长椭圆形，两端生长毛。

花期5~6月，果期6~10月。

药用价值： 叶入药，药材名为楸叶，"消肿拔毒，排脓生肌，主治肿疡，瘰疬，瘘疮，发背，白秃。"树皮及根皮的韧皮部入药，药材名为楸木皮，"解疮毒，降逆气，主治痈肿疮疡，疽瘘，吐逆，咳嗽。"果实入药，药材名为楸木果，"清热利尿，主治尿路结石，尿路感染，热毒疮疖。"（《中药大辞典》）

位置： 趵突泉校区图书馆（趵A21）西侧。

　　楸叶大而早脱，故谓之楸。……唐时立秋日，京师卖楸叶，妇女、儿童剪花戴之，取秋意也。

　　楸，有行列，茎干直耸可爱，至上垂条如线，谓之楸线。其木湿时脆，燥则坚，故谓之良材，宜作棋枰，即梓之赤者也。

——明·李时珍《本草纲目》

●芳华满树●

yù lán
玉 兰 （《群芳谱》）

木兰科木兰属

木兰（《述异记》），玉堂春（广州），迎春花（浙江），望春花（江西），白玉兰（河南），应春花（湖北）

***Magnolia denudata* Desr.**

特征：①落叶乔木，枝广展形成宽阔的树冠；树皮深灰色，粗糙开裂；小枝稍粗壮，灰褐色；冬芽及花梗密被淡灰黄色长绢毛。②叶倒卵形、宽倒卵形或倒卵状椭圆形，基部长枝叶椭圆形，先端宽圆、平截或稍凹，具短突尖，中部以下渐狭成楔形，叶上深绿色，嫩时被柔毛，后仅中脉及侧脉留有柔毛，下面淡绿色，沿脉上被柔毛。③花蕾卵圆形，花先叶开放，直立，芳香；花梗显著膨大，密被淡黄色长绢毛；花被片9片，白色，基部常带粉红色，近相似，长圆状倒卵形；雄蕊群淡绿色，无毛，圆柱形；雌蕊狭卵形。④聚合果圆柱形；蓇葖厚木质，褐色，具白色皮孔；种子心形，侧扁，外种皮红色，内种皮黑色。

花期 2~3 月，果期 8~9 月。

药用价值：干燥花蕾入药，药材名为辛夷，"散风寒，通鼻窍，用于风寒头痛，鼻塞流涕，鼻鼽，鼻渊。"（《中国药典》）

位置：趵突泉校区教学七楼（趵 A22）西南角、杏园餐厅（趵 A27）西门，千佛山校区主楼（千 A12）南 - 东侧花园，兴隆山校区白玉兰路（兴 B8）两侧。

玉兰的花语为报恩，高洁，纯洁，真挚，纯洁的爱，芳芳。红色的玉兰花指的是紫玉兰，花语为芳香情思，俊朗仪态。若是想夸奖一个人的文笔好，可送给对方紫玉兰。粉色玉兰花语为报恩，真挚，高洁。最为常见的就是白玉兰，花语为纯洁的爱，可用来告白，表示想要和对方开始一段真挚的感情。

（岳家楠）

药材图——辛夷

zǐ yù lán
紫 玉 兰 （河南）

木兰科木兰属
辛夷（江苏），木笔（《花镜》）

Magnolia liliflora Desr.

特征： ①落叶灌木，常丛生，树皮灰褐色，小枝绿紫色或淡褐紫色。②叶椭圆状倒卵形或倒卵形，先端急尖或渐尖，基部渐狭沿叶柄下延至托叶痕，上面深绿色，幼嫩时疏生短柔毛，下面灰绿色，沿脉有短柔毛。③花蕾卵圆形，被淡黄色绢毛；花叶同时开放，瓶形，直立于粗壮、被毛的花梗上，稍有香气；花被片 9~12，外轮 3 片萼片状，紫绿色，披针形，常早落，内两轮肉质，外面紫色或紫红色，内面带白色，花瓣状，椭圆状倒卵形；雄蕊紫红色，花药侧向开裂，药隔伸出成短尖头；雌蕊群淡紫色，无毛。④聚合果深紫褐色，变褐色，圆柱形；成熟蓇葖近圆球形，顶端具短喙。

花期 3~4 月，果期 8~9 月。

用途： 本种花色艳丽，与玉兰同为我国两千多年的传统花卉，我国各大城市都有栽培。

位置： 趵突泉校区杏园餐厅（趵 A27）西侧，千佛山校区主楼（千 A12）南 - 西侧花园。

杏园餐厅前种着一排紫玉兰，春天
总有行人驻足拍照。凑向前，花朵有着
淡淡的清香，阳光照在上面闪闪发光。
多想将这美丽的瞬间定格……

（岳家楠）

là méi

蜡 梅 （《本草纲目》）

蜡梅科蜡梅属

蜡梅（《植物学名词审查本》），黄梅花、磬口蜡梅（《广群芳谱》），狗蝇梅（《花镜》），蜡木（河南），素心蜡梅（浙江），荷花蜡梅（江西），石凉茶、黄金茶（浙江）

***Chimonanthus praecox* (Linn.) Link**

特征：①落叶灌木，幼枝四方形，老枝近圆柱形，灰褐色，无毛或被疏微毛，有皮孔；鳞芽通常着生于第二年生的枝条叶腋内。②叶纸质至近革质，卵圆形、椭圆形、宽椭圆形至卵状椭圆形，有时长圆状披针形，顶端急尖至渐尖，有时具尾尖，除叶背脉上被疏微毛外无毛。③花着生于第二年生枝条叶腋内，先花后叶，芳香；花被片圆形、长圆形、倒卵形、椭圆形或匙形，无毛，内部花被片比外部花被片短，基部有爪。④果托近木质化，坛状或倒卵状椭圆形，口部收缩。

花期11月至翌年3月，果期4~11月。

药用价值：花蕾入药，药材名为蜡梅花，"解暑清热，理气开郁，主治暑热烦渴，头晕，胸闷痞满，梅核气，咽喉肿痛，百日咳，小儿麻疹，烫火伤。"根入药，药材名为铁筷子，"祛风止痛，理气活血，止咳平喘，主治风湿痹痛，风寒感冒，跌打损伤，脘腹疼痛，哮喘，劳伤咳嗽，疔疮肿毒。"（《中药大辞典》）

位置：趵突泉校区中心花园（趵 D5），千佛山校区主楼（千 A12）南 - 东侧花园。

　　蜡梅小树，丛枝尖叶。种凡三种：以子种出不经接者，腊月开小花而香淡，名狗蝇梅；经接而花疏，开时含口者，名磬口梅；花密而香浓，色深黄如紫檀者，名檀香梅，最佳。结实如垂铃，尖长寸余，子在其中，其树皮浸水磨黑，有光采。

　　——明·李时珍《本草纲目》

chóng bàn yú yè méi

重瓣榆叶梅

蔷薇科桃属

***Amygdalus triloba* (Lindl.) Ricker f. *multiplex* (Bunge) Rehd.**

特征： ①灌木稀小乔木，枝条开展，具多数短小枝；小枝灰色，一年生枝灰褐色，无毛或幼时微被短柔毛。②短枝上的叶常簇生，一年生枝上的叶互生；叶片宽椭圆形至倒卵形，先端短渐尖，常3裂，基部宽楔形，上面具疏柔毛或无毛，下面被短柔毛，叶边具粗锯齿或重锯齿。③花1~2朵，先于叶开放；萼筒宽钟形，无毛或幼时微具毛；萼片卵形或卵状披针形，无毛，近先端疏生小锯齿；花瓣近圆形或宽倒卵形，先端圆钝，有时微凹，粉红色；雄蕊25~30枚，短于花瓣；子房密被短柔毛，花柱稍长于雄蕊。④果实近球形，顶端具短小尖头，红色，外被短柔毛；果肉薄，成熟时开裂；核近球形，具厚硬壳，两侧几不压扁，顶端圆钝，表面具不整齐的网纹。

花期4~5月，果期5~7月。

用途： 榆叶梅开花早，主要供观赏，因其叶片像榆树叶，花朵酷似梅花而得名。

位置： 趵突泉校区中心花园（趵D5），兴隆山校区欣园餐厅（兴A7）东侧小树林。

　　本种近似桃树，但可以通过叶子和花的区别辨认。重瓣榆叶梅的叶呈宽卵形或倒卵形，边缘具有粗锯齿；花朵重瓣，颜色呈深粉红色，萼管呈广钟状，花瓣近圆形或宽倒卵形。桃树的叶子呈椭圆状披针形，两面无毛；花朵单生，花瓣长圆状椭圆形至宽倒卵形，颜色呈粉红色，罕为白色。

（曹冰）

méi

梅 （《诗经》）

蔷薇科杏属
春梅（江苏南通），干枝梅（北京），酸梅，乌梅

***Armeniaca mume* Sieb.**

特征：①小乔木，稀灌木；树皮浅灰色或带绿色，平滑；小枝绿色，光滑无毛。②叶片卵形或椭圆形，先端尾尖，基部宽楔形至圆形，叶边常具小锐锯齿，灰绿色，幼嫩时两面被短柔毛，成长时逐渐脱落；叶柄常有腺体。③花单生或有时 2 朵同生于 1 芽内，香味浓，先于叶开放；花梗短；花萼通常红褐色；萼筒宽钟形；萼片卵形或近圆形，花瓣倒卵形，白色至粉红色；雄蕊短或稍长于花瓣。④果实近球形，黄色或绿白色，被柔毛，味酸；果肉与核粘贴；核椭圆形，顶端圆形有小突尖头，基部渐狭成楔形，两侧微扁，腹棱稍钝，腹面和背棱上均有明显纵沟，表面具蜂窝状孔穴。

花期冬春季，果期 5~6 月。

药用价值：近成熟果实入药，药材名为乌梅，"敛肺，涩肠，生津，安蛔，用于肺虚久咳，久泻久痢，虚热消渴，蛔厥呕吐腹痛。"花蕾入药，药材名为梅花，"疏肝和中，化痰散结，用于肝胃气痛，郁闷心烦，梅核气，瘰疬疮毒。"（《中国药典》）

位置：趵突泉校区综合办公楼（趵 A32）北侧。

药材图——乌梅

　　梅，杏类也。树、叶皆略似杏，叶有长尖，先众木而花。其实酢，曝干为脯，入羹臛齑中，又含之可以香口。子赤者材坚，子白者材脆。……绿萼梅，枝跗皆绿。重叶梅，花叶重叠，结实多双。红梅，花色如杏。杏梅，色淡红，实扁而斑，味全似杏。鸳鸯梅，即多叶红梅也，一蒂双实。……梅，花开于冬而实熟于夏，得木之全气，故其味最酸，所谓曲直作酸也。……梅实采半黄者，以烟熏之为乌梅；青者盐淹曝干为白梅。亦可蜜煎、糖藏，以充果钉。熟者笮汁晒收为梅酱。惟乌梅、白梅可入药。梅酱，夏月可调渴水饮之。

——明·李时珍《本草纲目》

shān táo

山桃（《尔雅》）

蔷薇科桃属

榹桃（《尔雅》），山毛桃，野桃（内蒙古）

***Amygdalus davidiana* (Carrière) de Vos ex Henry**

特征：①乔木，树冠开展，树皮暗紫色，光滑；小枝细长，直立，幼时无毛，老时褐色。②叶片卵状披针形，先端渐尖，基部楔形，两面无毛，叶边具细锐锯齿；叶柄无毛，常具腺体。③花单生，先于叶开放；花梗极短或几无梗；花萼无毛；萼筒钟形；萼片卵形至卵状长圆形，紫色；花瓣倒卵形或近圆形，粉红色，先端圆钝，稀微凹；雄蕊多数，几与花瓣等长或稍短；子房被柔毛，花柱长于雄蕊或近等长。④果实近球形，淡黄色，外面密被短柔毛，果梗短而深入果洼；果肉薄而干，不可食，成熟时不开裂；核球形或近球形，两侧不压扁，顶端圆钝，基部截形，表面具纵、横沟纹和孔穴，与果肉分离。

花期3~4月，果期7~8月。

药用价值：种子入药，药材名为桃仁，"活血祛瘀，润肠通便，止咳平喘，用于经闭痛经，癥瘕痞块，肺痈肠痈，跌打损伤，肠燥便秘，咳嗽气喘。"（《中国药典》）

位置：趵突泉校区教学五楼（趵A30）西侧、教学四楼（趵A23）北门。

桃品甚多，易于栽种，且早结实……惟山中毛桃，即《尔雅》所谓褫桃者，小而多毛，核粘味恶，其仁充满多脂，可入药用，盖外不足者，内有余也。

——〔明〕李时珍《本草纲目》

táo
桃（《诗经》）

蔷薇科桃属
毛桃（通称）

***Amygdalus persica* L.**

特征：①乔木，树冠宽广而平展；树皮暗红褐色，老时粗糙呈鳞片状；小枝细长，无毛，有光泽，绿色，向阳处转变成红色，具大量小皮孔。②叶片长圆披针形、椭圆披针形或倒卵状披针形。③花单生，先于叶开放，花梗极短或几无梗；萼筒钟形；萼片卵形至长圆形，顶端圆钝；花瓣长圆状椭圆形至宽倒卵形，粉红色。④果实卵形、宽椭圆形或扁圆形，色泽由淡绿白色至橙黄色，常在向阳面具红晕，多汁有香味；核大，椭圆形或近圆形，两侧扁平，顶端渐尖，表面具纵、横沟纹和孔穴；种仁味苦。

花期3~4月，果实成熟期因品种而异，通常为8~9月。

药用价值：种子入药，药材名为桃仁，"活血祛瘀，润肠通便，止咳平喘，用于经闭痛经，癥瘕痞块，肺痈肠痈，跌打损伤，肠燥便秘，咳嗽气喘。"嫩枝入药，药材名为桃枝，"活血通络，解毒杀虫，用于心腹刺痛，风湿痹痛，跌打损伤，疮癣。"（《中国药典》）

花入药，药材名为桃花，"利水通便，活血化瘀，主治小便不利，水肿、痰饮、脚气、砂石淋，便秘，闭经，疮疹，面黚。"树脂入药，药材名为桃胶，"和血，通淋，止痢，主治血瘕，石淋（乳糜尿），痢疾腹痛，糖尿病。"（《中药大辞典》）

位置：兴隆山校区学生公寓区（兴 A11）。

药材图——桃仁

桃之夭夭，灼灼其华。之子于归，宜其室家。

桃之夭夭，有蕡其实。之子于归，宜其家室。

桃之夭夭，其叶蓁蓁。之子于归，宜其家人。

——《诗经·周南·桃夭》

xìng

杏（《山海经》）

蔷薇科杏属
杏树（《救荒本草》），杏花（《花镜》）

***Armeniaca vulgaris* Lam.**

特征：①落叶乔木，树皮黑褐色，小枝褐色或红紫色，有光泽。②叶卵形至椭圆状卵形，先端短尾尖，基部圆形，微心形或渐狭，边缘具圆钝锯齿；近顶端有2腺体。③花单生，稀2朵并生，先叶开放；萼片卵圆形至椭圆形，花后反折；花瓣白色或浅粉红色；雄蕊多数；子房被短柔毛。④核果，球形，淡黄色至黄红色，常具红晕，微被短柔毛。核卵形或椭圆形，两侧扁平，顶端圆钝，基部对称，表面稍粗糙或平滑；种仁味苦或甜。

花期3~4月，果期6~7月。

药用价值：种子入药，药材名为苦杏仁，"降气止咳平喘，润肠通便，用于咳嗽气喘，胸满痰多，肠燥便秘。"（《中国药典》）

位置：趵突泉校区综合办公楼（趵A32）北侧。

药材图——苦杏仁

　　黄而圆者名金杏，相传云种出济南郡之分流山、彼人谓之汉帝杏，今近都多种之，熟最早。其扁而青黄者名木杏，味酢，不及金杏。杏子入药，今以东来者为胜，仍用家园种者，山杏不堪入药。

　　　　　　　　——宋·苏颂《本草图经》

zǐ yè lǐ
紫叶李

蔷薇科李属

樱桃李（《中国果树分类学》）

***Prunus cerasifera* Ehrhar f. *atropurpurea* (Jacq.) Rehd.**

特征： ①灌木或小乔木，多分枝，枝条细长，开展，暗灰色，有时有棘刺；小枝暗红色，无毛。②叶片椭圆形、卵形或倒卵形，先端急尖，基部楔形或近圆形，边缘有圆钝锯齿，有时混有重锯齿，紫色，无毛，中脉微下陷。③花1朵，稀2朵；花梗无毛或微被短柔毛；萼筒钟状，萼片长卵形，先端圆钝，边有疏浅锯齿；花瓣白色，长圆形或匙形，边缘波状，基部楔形，着生在萼筒边缘；雄蕊25~30枚，花丝长短不等，紧密地排成不规则2轮，比花瓣稍短；雌蕊1枚，心皮被长柔毛，柱头盘状，花柱比雄蕊稍长。④核果近球形或椭圆形，长宽几相等，红色或黑色，微被蜡粉，具有浅侧沟，粘核；核椭圆形或卵球形，先端急尖，浅褐带白色，表面平滑或粗糙或有时呈蜂窝状，背缝具沟，腹缝有时扩大具2条侧沟。

花期4月，果期8月。

用途： 本种为栽培观赏品种，叶片常年紫色，为华北庭园习见观赏树木之一。

位置： 趵突泉校区教学一楼（趵A6）南侧、教学二楼（趵A9）南侧、兴隆山校区学生公寓区（兴A11）。

紫叶李的花语是积极、向上、幸福，寄托了人们无尽的美好想象，同时，也是对于生活的一种激励和向往。

（岳家楠）

rì bēn wǎn yīng

日 本 晚 樱 （《拉汉种子植物名称》）

蔷薇科樱属

Cerasus serrulata **(Lindl.) G. Don ex London var.** *lannesiana* **(Carr.) Makino**

特征：①乔木，树皮灰色，小枝灰白色或淡褐色。冬芽卵圆形，无毛。②叶片椭圆卵形或倒卵形，上面深绿色，无毛，下面淡绿色。叶边渐尖重锯齿，齿端有长芒。叶柄无毛，先端有1~3个圆形腺体。③花序伞房总状或近伞形，总苞片褐色，总梗极短，花瓣重瓣，白色或粉红色，倒卵形，先端下凹。花有香气。④核果近球形，黑色，核表面具棱纹。

花期4~5月，果期6~7月。

用途：我国各地庭园有栽培，引自日本，供观赏用。每年4~5月间樱花盛开，繁花似锦。

位置：趵突泉校区教学五楼（趵A30）南侧。

日本晚樱的花语是转瞬即逝的爱情。樱花在日本是爱情和希望的象征，它一般在春季开放，但花期不算长。日本晚樱则不同，在4~5月开放，此时春季即将过去，晚樱也如同春天一样稍纵即逝，其花期一般只有7天左右，生命非常短暂。在花开的那一瞬间让人感觉格外美丽，象征着短暂、不圆满的爱情。

(曹冰)

máo yè mù guā
毛叶木瓜

蔷薇科木瓜属

木桃（《诗经》），木瓜海棠（《群芳谱》）

Chaenomeles cathayensis Schneid.

特征： ①落叶灌木至小乔木，枝条直立，具短枝刺；小枝圆柱形，微屈曲，无毛，紫褐色，有疏生浅褐色皮孔。②叶片椭圆形、披针形至倒卵披针形，边缘有芒状细尖锯齿，幼时上面无毛，下面密被褐色绒毛，以后脱落近于无毛；托叶草质，肾形、耳形或半圆形，边缘有芒状细锯齿，下面被褐色绒毛。③花先叶开放，2~3朵簇生于二年生枝上，花梗短粗或近于无梗；萼筒钟状；萼片直立，卵圆形至椭圆形，先端圆钝至截形，全缘或有浅齿及黄褐色睫毛；花瓣倒卵形或近圆形，淡红色或白色；雄蕊45~50枚，长约为花瓣之半；花柱5条，基部合生，柱头头状。④果实卵球形或近圆柱形，先端有突起，黄色有红晕，味芳香。

花期3~5月，果期9~10月。

用途： 毛叶木瓜花期较早，花粉红色或近白色，叶色墨绿，有较高观赏价值。果实富含多种营养成分，有健脾消食、抗疫杀虫、补充营养、提高抗病能力、抗痉挛的功效。

位置： 趵突泉校区药圃（趵 D13）、教学三楼（趵 A31）北侧三角花园。

毛叶木瓜花期较早，一般在3月上中旬开花，此时露地植物开花较少，花单生或簇生于2年生枝上，花粉红色或近白色，叶色墨绿，花先叶开放，花与叶形状较为奇特，相互衬托有较高观赏价值。9月下旬卵球形的果实成熟，散发出一股浓郁的芳香气味。《中国药典》记载正品木瓜的原植物为皱皮木瓜[Chaenomeles speciosa (Sweet) Nakai]，非本种。

（赵宇）

zhòu pí mù guā
皱 皮 木 瓜

蔷薇科木瓜属

木瓜、楙（《本草纲目》），贴梗海棠（《群芳谱》），贴梗木瓜
（《中国高等植物图鉴》），铁脚梨（《河北习见树木图说》）

Chaenomeles speciosa (Sweet) Nakai

特征：①落叶灌木，枝条直立开展，有刺；小枝圆柱形，无毛，紫褐色或黑褐色，有疏生浅褐色皮孔。②叶片卵形至椭圆形，先端急尖，基部楔形至宽楔形，边缘具有尖锐锯齿，无毛或在萌蘖上沿下面叶脉有短柔毛；托叶大形，草质，肾形或半圆形，边缘有尖锐重锯齿，无毛。③花先叶开放，3~5朵簇生于二年生老枝上；花梗短粗；萼筒钟状；萼片直立，先端圆钝，全缘或有波状齿，及黄褐色睫毛；花瓣倒卵形或近圆形，基部延伸成短爪，猩红色，稀淡红色或白色；雄蕊45~50枚，长约花瓣之半；花柱5条，基部合生，柱头头状，有不显明分裂，约与雄蕊等长。④果实球形或卵球形，黄色或带黄绿色，有稀疏不显明斑点，味芳香；萼片脱落，果梗短或近于无梗。

花期3~5月，果期9~10月。

用途：成熟果实入药，药材名为木瓜，"舒筋活络，和胃化湿，用于湿痹拘挛，腰膝关节酸重疼痛，暑湿吐泻，转筋挛痛，脚气水肿。"（《中国药典》）

位置：趵突泉校区教学七楼（趵A22）东南角、中心花园（趵D7），千佛山校区主楼（千A12）南－东侧花园。

药材图——木瓜

皱皮木瓜花朵鲜艳可供观赏，果实营养价值高可食用。趵突泉校区的皱皮木瓜枝叶生长到人行道，像是在和行人招手，也像要留住匆匆走过的人们，看一看它的美丽。

（岳家楠）

xī fǔ hǎi táng

西府海棠（《群芳谱》）

蔷薇科苹果属

海红（《本草纲目》），小果海棠（《华北经济植物志要》），子母海棠（河北土名）

***Malus × micromalus* Makino**

特征：①小乔木，树枝直立性强；小枝细弱圆柱形，嫩时被短柔毛，老时脱落，紫红色或暗褐色，具稀疏皮孔。②叶片长椭圆形或椭圆形，边缘有尖锐锯齿，托叶膜质，早落。③伞形总状花序，集生于小枝顶端；萼筒外面被白色长绒毛；萼片三角卵形，三角披针形至长卵形，先端急尖或渐尖，全缘；花瓣近圆形或长椭圆形，基部有短爪，粉红色;雄蕊约 20 枚，花丝长短不等，比花瓣稍短。④果实近球形，红色，萼洼梗洼均下陷，萼片多数脱落，少数宿存。

花期 4~5 月，果期 8~9 月。

药用价值：果实入药，药材名为海红，"涩肠止痢，主治泄泻，痢疾。"（《中药大辞典》）

位置：趵突泉校区教学一楼（趵 A6）西南角。

《饮膳正要》果类有海红，不知出处，
此即海棠梨之实也。状如木瓜而小，二月
开红花，实至八月乃熟。郑樵《通志》云：
"海棠子名海红，即《尔雅》赤棠也。"
——明·李时珍《本草纲目》

píng guǒ
苹 果 （《滇南本草》）

蔷薇科苹果属

奈（《名医别录》），奈子（《千金方》），平波（《饮膳正要》），
超凡子、天然子（《滇南本草》），频婆（《本草纲目》），频果（《植
物名实图考》），西洋苹果（《中国树木分类学》）

Malus pumila Mill.

特征： ①乔木，多具有圆形树冠和短主干；小枝短而粗，圆柱形，
幼嫩时密被绒毛，老枝紫褐色，无毛。②叶片椭圆形、卵形至宽椭圆形，
先端急尖，基部宽楔形或圆形，边缘具有圆钝锯齿，幼嫩时两面具短
柔毛，长成后上面无毛。③伞房花序，具花 3~7 朵，集生于小枝顶端，
花梗密被绒毛；花瓣倒卵形，基部具短爪，白色，含苞未放时带粉红
色；雄蕊 20 枚，花丝长短不齐，约等于花瓣之半；花柱 5 条，较雄
蕊稍长。④果实扁球形，直径在 2 厘米以上，先端常有隆起，萼洼下陷，
萼片永存，果梗短粗。

花期 5 月，果期 7~10 月。

药用价值： 果实入药，药材名为苹果，"生津，除烦，益胃，醒酒，
主治津少口渴，脾虚泄泻，食后腹胀，饮酒过度。"（《中药大辞典》）

果皮入药，药材名为苹果皮，"降逆和胃，主治反胃。"叶入药，
药材名为苹果叶，"凉血解毒，主治产后血晕，月经不调，发热，热
毒疮疡，烫伤。"（《中华本草》）

位置： 兴隆山校区悦园（兴 A9）南侧。

柰与林檎，一类二种也。树、实皆似林
檎而大，西土最多，可栽可压。有白、赤、
青三色，白者为素柰，赤者为丹柰，亦曰朱
柰，青者为绿柰，皆夏熟。凉州（今甘肃省）
有冬柰，冬熟，子带碧色。

——明·李时珍《本草纲目》

　　我国古代栽培的中国苹果，约有数十个品种，其质绵，味甜带酸，不耐贮藏，俗呼"绵
苹果"，即古代所谓"柰"。该种在我国陕西、河北、云南等地均有栽培。

——《中药大辞典》

shān zhā

山楂

蔷薇科山楂属

山里红（《东北植物检索表》）

***Crataegus pinnatifida* Bge.**

特征：①落叶乔木，有刺或无。当年枝紫褐色。②叶片呈宽卵形、三角状卵形，先端短渐尖，基部截形或宽楔形，最下部一对常较深，下面具疏短柔毛，在脉腋有髯毛，侧脉达裂片先端及分裂处；托叶镰刀形，缘具锯齿。③伞房花序；萼筒钟状，外面密被白色柔毛；花瓣白色；雄蕊短于花瓣，花药粉红色；柱头头状。④果近球形或梨形，深红色，有浅色斑点。

花期 5~6 月，果期 9~10 月。

药用价值：果实入药，药材名为山楂，"消食健胃，行气散瘀，化浊降脂。用于肉食积滞，胃脘胀满，泻痢腹痛，瘀血经闭，产后瘀阻，心腹刺痛，胸痹心痛，疝气疼痛，高脂血症。"叶入药，药材名为山楂叶，"活血化瘀，理气通脉，化浊降脂。用于气滞血瘀，胸痹心痛，胸闷憋气，心悸健忘，眩晕耳鸣，高脂血症。"（《中国药典》）

位置：趵突泉校区教学七楼（趵 A22）东南角、教学三楼（趵 A31）东南角，千佛山校区舜园餐厅（千 A6）南门。

　　山楂，味中和，消油垢之积，故幼科用之最宜。若伤寒为重症，仲景于宿滞不化者，但用大、小承气，一百一十三方中并不用山楂，以其性缓不可为肩弘任大之品。核有功力，不可去也。

——明·李中梓《本草通玄》

药材图——山楂

shí nán
石 楠（《群芳谱》）

蔷薇科石楠属

凿木（《中国种子植物科属辞典》），凿角（广东），千年红、扇骨木（南京），笔树、石眼树（江苏），将军梨、石楠柴（浙江），石纲（福建），山官木（广西）

***Photinia serrulata* Lindl.**

特征：①常绿灌木或小乔木，枝褐灰色，无毛。②叶片革质，长椭圆形、长倒卵形或倒卵状椭圆形，先端尾尖，基部圆形或宽楔形，边缘有疏生具腺细锯齿，上面光亮，幼时中脉有绒毛，成熟后两面皆无毛，中脉显著。③复伞房花序顶生；总花梗和花梗无毛；花密生；萼筒杯状；萼片阔三角形，先端急尖；花瓣白色，近圆形，内外两面皆无毛；柱头头状，子房顶端有柔毛。④果实球形，红色，后成褐紫色，有1粒种子；种子卵形，棕色，平滑。

花期4~5月，果期10月。

药用价值：根或根皮入药，药材名为石楠根，"祛风除湿，疏经通络，治类风湿关节炎，风湿性关节痛，乳腺炎。"（《中药大辞典》）

叶入药，药材名为石楠，"祛风止痛，主治头风头痛，腰膝无力，风湿筋骨疼痛。"（《全国中草药汇编》）

位置：趵突泉校区中心花园（趵D7）。

石楠花的花语是孤独寂寞、庄重、威严和索然无味。不同的花色有着不同的含义：白色石楠花的花语是持久，保护和愿望成真；黄色是庆祝；淡紫色是赞赏和孤独。欧石楠花的花语是孤独和背叛的爱。

日本寺院会在农历四月初八日举行石楠花祭，因为这一天是释迦牟尼的生日，人们会去采集石楠花、杜鹃花等插在家里作为花祭。

（曹冰）

hé huān
合欢 （《神农本草经》）

豆科合欢属

青堂（《古今注》），黄昏（《千金方》），合昏（《新修本草》），夜合（《本草图经》），交枝树（《本草蒙筌》），绒花树、马缨花（《中国高等植物图鉴》），宜男（《群芳谱》）

Albizia julibrissin **Durazz.**

特征：①落叶乔木，树冠开展，小枝有棱角。②二回偶数羽状复叶，互生，镰刀形或长圆形，先端锐尖，中脉极明显偏向叶片的上侧，全缘，夜晚闭合；托叶早落。③头状花序伞房状排列,顶生或腋生；花粉红色；萼5浅裂，钟形；花冠管长为萼筒的2~3倍，5裂，有柔毛;雄蕊多数，花丝基部成束连合成管状，粉红色；子房上位。④荚果扁平，带状。

花期6~7月，果期8~10月。

药用价值：树皮入药，药材名为合欢皮，"解郁安神，活血消肿，用于治疗心神不安，忧郁失眠，肺痈，疮肿，跌打伤痛。"花序或花蕾入药，药材名为合欢花，"解郁安神,用于心神不安,忧郁失眠。"（《中国药典》）

位置：趵突泉校区教学三楼（趵A31）东侧。

　　三春过了，看庭西两树，参差花影。妙手仙姝织锦绣，细品恍惚如梦。脉脉抽丹，纤纤铺翠，风韵由天定。堪称英秀，为何尝遍清冷。最爱朵朵团团，叶间枝上，曳曳因风动。缕缕朝随红日展，燃尽朱颜谁省。可叹风流，终成憔悴，无限凄凉境。有情明月，夜阑还照香径。

——魏晋·孙绰《念奴娇·合欢花》

药材图——合欢皮

hóng huā cì huái

红花刺槐

豆科刺槐属

毛刺槐、江南槐

Robinia pseudoacacia f. _decaisneana_ (Carr.) Voss

特征： ①落叶乔木，干皮深纵裂，枝具托叶刺。②羽状复叶互生；小叶 7~19 片，叶片卵形或长圆形，先端圆或微凹，具芒尖，基部圆形。③总状花序腋生，下垂，萼具 5 齿，稍二唇形，反曲，旗瓣近肾形，先端凹缺，翼瓣弯曲，龙骨瓣内弯；花冠粉红色，芳香。④荚果线形，扁平，密被腺刚毛，先端急尖，果颈短，有种子 3~5 粒。

花期 5~6 月，果期 7~10 月。

用途： 红花刺槐树冠圆满，叶色鲜绿，花朵大而鲜艳，浓香四溢，素雅而芳香，在园林绿地中广泛应用，可作为行道树，庭荫树。红花刺槐的适应性强，对二氧化硫、氯气、光化学烟雾等的抗性较强，可作为防护林树种。

位置： 趵突泉校区教学九楼（趵 A35）北侧。

该种树冠浓密，花大，色艳丽，散发芳香，适于孤植、列植、丛植在疏林、草坪、公园、高速公路及城市主干道两侧。它可与不同季节开花的植物分别组景，构成十分稳定的底色或背景，观赏价值较高。

（曲勇晓）

zǐ jīng
紫荆（《开宝本草》）

豆科紫荆属

紫珠（《本草拾遗》），裸枝树（《中国主要植物图说·豆科》）

***Cercis chinensis* Bunge**

特征：①落叶灌木。②单叶，互生；叶片近圆形，先端急尖，基部心形，两面无毛，叶脉在两面明显。③花常先叶开放，4~10 余花簇生于老枝上；小苞片 2 片，长卵形；花萼红色；花冠紫红色，龙骨瓣基部具深紫色斑纹。④荚果狭披针形，扁平，沿腹缝线有狭翅，不开裂，网脉明显；种子 2~8 粒，扁圆形，近黑色。

花期 4~5 月；果期 8~10 月。

药用价值：根或根皮入药，药材名为紫荆皮，"活血，通淋，解毒，主治妇女月经不调，瘀滞腹痛，风湿痹痛，小便淋痛，喉痹，痈肿，疥癣，跌打损伤，蛇虫咬伤。"（《中药大辞典》）

木部入药，药材名为紫荆木，"活血，通淋，主治妇女月经不调，瘀滞腹痛，小便淋沥涩痛。"花入药，药材名为紫荆花，"清热凉血，通淋解毒，主治热淋，血淋，疮疡，风湿筋骨痛。"果实入药，药材名为紫荆果，"止咳平喘，行气止痛。主治咳嗽多痰，哮喘，心口痛。"（《中华本草》）

位置：趵突泉校区教学六楼（趵 A33）南侧，兴隆山校区学生公寓区（兴 A11）。

　　紫荆花代表着亲情，有着合家团圆、兄弟和睦的寓意。传说东汉时期，有三兄弟分家，财产分配完毕后，准备把余下的紫荆树分为三截。当三人前来砍树时发现树已枯萎，落花满地。从此兄弟三人不再分家，和睦相处，紫荆树也随之重获生机，花繁叶茂。

（岳家楠）

wén guàn guǒ

文 冠 果 （《救荒本草》）

无患子科文冠果属

文冠树、木瓜、文冠花、崖木瓜、文光果

***Xanthoceras sorbifolium* Bunge.**

特征： ①落叶灌木或小乔木，小枝粗壮，褐红色，无毛。②小叶4~8对，披针形或近卵形，两侧稍不对称，顶端渐尖，基部楔形，边缘有锐利锯齿，顶生小叶通常3深裂，腹面深绿色，无毛或中脉上有疏毛，背面鲜绿色，嫩时被绒毛和成束的星状毛；侧脉纤细，两面略凸起。③花序先叶抽出或与叶同时抽出，两性花的花序顶生，雄花序腋生，直立，总花梗短，基部常有残存芽鳞；花萼两面被灰色绒毛；花瓣白色，基部紫红色或黄色，有清晰的脉纹，爪之两侧有须毛；花盘的角状附属体橙黄色，花丝无毛；子房被灰色绒毛。④蒴果，种子黑色而有光泽。

花期春季，果期秋初。

药用价值： 茎及枝叶入药，药材名为文冠果，"祛风除湿，消肿止痛，主治风湿热痹，筋骨疼痛。"（《中药大辞典》）

位置： 趵突泉校区教学二楼（趵 A9）北广场西侧。

文冠花，生郑州南荒野间，陕西人
呼为崖木瓜。树高丈许，叶似榆树叶而
狭小，又似山茱萸叶亦细短。开花仿佛
似藤花而色白，穗长四五寸，结实状似
枳壳而三瓣，中有子二十余颗，如肥皂
角子，子中瓤如栗子，味微淡，又似米
面，味甘可食。其花味甜，其叶味苦。
　　　　——明·朱橚《救荒本草》

mù jīn
木 槿 （《日华本草》）

锦葵科木槿属

舜（《诗经》），朝菌（《庄子》），椴、榇（《尔雅》），日及（《尔雅》郭璞注），朝开暮落花（《本草纲目》），藩篱花、猪油花（《民间常用草药汇编》）

***Hibiscus syriacus* Linn.**

特征：①落叶灌木，小枝密生黄色星状绒毛。②叶菱形至三角状卵形，有深浅不同的 3 裂，边缘有不整齐齿缺，叶柄上面被星状柔毛。③花单生于枝端叶腋间；花梗有星状短柔毛；副萼 6~8 片，条形；花萼钟形，裂片 5 片，三角形；花钟形，淡紫色，花瓣倒卵形，外面有稀疏纤毛和星状长柔毛。④蒴果卵圆形，密被黄色星状绒毛；种子肾形。

花期 7~10 月。

药用价值：树皮入药，药材名为木槿皮，"清热利湿，杀虫止痒，主治湿热泻痢，肠风泻血，脱肛，痔疮等。"花入药，药材名为木槿花，"清热凉血，解毒消肿，主治肠风泻血，赤白痢疾，肺热咳嗽。"根入药，药材名为木槿根，"清热解毒，主治肠风泻血，痢疾，肺痈，肠痈，痔疮肿痛等。"果实入药，药材名为木槿子，"清肺化痰，止痛，解毒，主治咳喘痰多，支气管炎，偏正头痛。"叶入药，药材名为木槿叶，"清热解毒，主治赤白痢疾，肠风，痈肿疮毒。"（《中药大辞典》）

位置：趵突泉校区教学五楼（趵 A30）南侧，千佛山校区教学六楼（千 A16）南侧，兴隆山校区学生公寓区（兴 A11）。

药材图——木槿皮

木槿如小葵，花淡红色，五叶成一花，朝开暮敛，花与枝两用。湖南、北人家多种植为篱障。

——宋·寇宗奭《本草衍义》

木槿皮及花，并滑如葵花，故能润燥。色如紫荆，故能活血。川中来者，气厚力优，故尤有效。

——明·李时珍《本草纲目》

紫薇（《唐书·百官志》）
zī wēi

千屈菜科紫薇属

痒痒花（山东），痒痒树（河南、陕西），紫金花、紫兰花（广西），蚊子花、西洋水杨梅（广东），百日红（《海南圃史》），无皮树（《灌圃草木识》）

***Lagerstroemia indica* L.**

特征：①落叶灌木，树皮平滑；嫩枝有4楞，略成翅状。②叶互生，有时对生；椭圆形，全缘；无柄或近无柄。③圆锥花序顶生，花梗及花序轴均被柔毛；花萼红色，裂片6片，三角形，裂片间无附属物；花瓣6片，淡红色，檐部皱缩，有长爪；雄蕊多数，外面6枚着生于花萼上，比其余的长的多；子房3~6室，花柱黄棕色至红色。④蒴果椭圆状球形，成熟干燥时呈紫黑色，室背开裂；种子有翅。

花期6~9月，果期9~10月。

药用价值：根入药，药材名为紫薇根，"清热利湿，活血止血，主治痢疾，水肿，烧烫伤等。"花入药，药材名为紫薇花，"清热解毒，活血止血，主治疮疖痈疽，小儿胎毒。"根皮和茎皮入药，药材名为紫薇皮，"清热解毒，祛风利湿，散瘀止血，主治丹毒，乳痈，咽喉肿痛，疥癣，鹤膝风，跌打损伤。"叶入药，药材名为紫薇叶，"清热解毒，利湿止血，主治痈疮肿毒，痢疾，湿疹，外伤出血。"（《中药大辞典》）

位置：趵突泉校区教学八楼北门白求恩塑像（趵D10）周围，千佛山校区主楼（千A12）南 - 东侧花园，兴隆山校区天工园（兴D3）。

紫薇易开亦易残，紫薇热客有时寒。
何如墨史将吟伯，岁岁年年画里看。
——明·徐渭《紫薇花》

shí liu

石 榴

石榴科石榴属

安石榴（《名医别录》），山力叶（东北），丹若，若榴木

***Punica granatum* L.**

特征：①落叶灌木，树皮灰黑色，不规则剥落；小枝四棱形，顶部常为刺状。②叶对生或簇生，倒卵形，全缘，羽状脉，中脉在下面凸起，两面光滑。③花萼钟形，亮红色，裂片5~8片，三角形，先端尖；花瓣与萼裂同数或更多，生于萼筒内，倒卵形，先端圆，基部有爪，常高出于花萼裂片之外，红色；雄蕊多数，花丝细弱弯曲，生于萼筒的喉部内壁上，花药黄色。④浆果近球形，果皮厚，萼宿存；种子外皮浆汁，色红，晶莹透明。

花期5~6月，果期8~9月。

药用价值：果皮入药，药材名为石榴皮，"涩肠止泻，止血，驱虫，用于久泻，久痢，便血，脱肛，崩漏，带下，虫积腹痛。"（《中国药典》）

根皮入药，药材名为石榴根，"驱虫，涩肠，止带，主治蛔虫、绦虫，久泻、久痢，赤白带下。"花入药，药材名为石榴花，"凉血，止血，主治衄血，吐血，外伤出血，月经不调，崩漏，带下，中耳炎。"叶入药，药材名为石榴叶，"收敛止泻，解毒杀虫，主治泄泻，痘风疮，癞疮，跌打损伤。"（《中药大辞典》）

位置：趵突泉校区教学九楼（趵A35）南侧，千佛山校区主楼（千A12）南 - 东侧花园。

石榴，味甘、酸、涩，性微温，无毒。子白而大者，名水晶榴，味甘美。压丹毒，杀三尸虫，治咽喉燥渴。多食伤肺、伤牙而生痰。酸者止痢，一治遗精。如服别药，不可食之。

——明·兰茂《滇南本草》

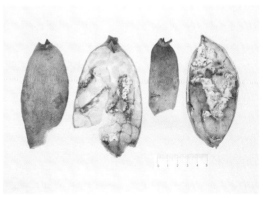

药材图——石榴皮

shān zhū yú

山茱萸 （《神农本草经》）

山茱萸科山茱萸属

***Cornus officinalis* Sieb. et Zucc.**

特征： ①落叶乔木或灌木，树皮灰褐色；小枝细圆柱形，无毛或稀被贴生短柔毛；冬芽顶生及腋生，卵形至披针形，被黄褐色短柔毛。②叶对生，纸质，卵状披针形或卵状椭圆形，先端渐尖，基部宽楔形或近于圆形，全缘，上面绿色，无毛，下面浅绿色。③伞形花序生于枝侧带紫色，两侧略被短柔毛，开花后脱落；总花梗粗壮，微被灰色短柔毛；花小，两性，先叶开放；花柱圆柱形，柱头截形；花梗纤细，密被疏柔毛。④核果长椭圆形，红色至紫红色；核骨质，狭椭圆形，有几条不整齐的肋纹。

花期3~4月，果期9~10月。

药用价值： 果肉入药，药材名为山茱萸，俗名枣皮，"补益肝肾，收涩固脱，用于眩晕耳鸣，腰膝酸痛，阳痿遗精，遗尿尿频，崩漏带下，大汗虚脱，内热消渴。"（《中国药典》）

位置： 趵突泉校区综合办公楼（趵A32）东南角、药圃（趵D13）。

药材图——山茱萸

山茱萸同人参、五味、牡蛎、益智，治老人小便淋沥及遗尿。同菖蒲、甘菊、生地、黄柏、五味，治肾虚耳聋。同杜仲、牛膝、生地、白胶、山药，治肾虚腰痛。同生地、山药、丹皮、白茯、泽泻、柴胡、白芍、归身、五味，名滋肾清肝饮，治水枯木亢之症。同杜仲，治肝肾俱虚。

——清·叶桂《本草经解》

zǐ dīng xiāng
紫 丁 香 （《花史左编》）

木犀科丁香属
紫丁白（河南），华北紫丁香（《中国树木分类学》）

***Syringa oblata* Lindl.**

特征：①灌木或小乔木，树皮灰褐色或灰色。小枝、花序轴、花梗、苞片、花萼、幼叶两面以及叶柄均无毛而密被腺毛。小枝较粗，疏生皮孔。②叶片革质或厚纸质，卵圆形至肾形，宽常大于长，先端短凸尖至长渐尖或锐尖，基部心形、截形至近圆形，或宽楔形，上面深绿色，下面淡绿色；萌枝上叶片常呈长卵形，先端渐尖，基部截形至宽楔形。③圆锥花序直立，由侧芽抽生，近球形或长圆形，花萼萼齿渐尖、锐尖或钝；花冠紫色，花冠管圆柱形，裂片呈直角开展，卵圆形、椭圆形至倒卵圆形，先端内弯略呈兜状或不内弯；花药黄色。④果倒卵状椭圆形、卵形至长椭圆形，先端长渐尖，光滑。

花期 4~5 月，果期 6~10 月。

药用价值：叶及树皮入药，药材名为紫丁香，"清热，解毒，利湿，退黄，主治急性泻痢，黄疸型肝炎，火眼，疮疡。"（《中华本草》）

位置：趵突泉校区教学七楼（趵 A22）周围、槐荫路（趵 B2）东段，兴隆山校区欣园餐厅（兴 A7）西门。

紫丁香的花语为初恋的刺痛、光荣、美丽、纯洁、爱情萌芽、友情、羞怯、年轻时的回忆、喜欢寂静等。丁香花还具有"天国之花"的称号，它的花香被誉为"高贵的香味"。

（岳家楠）

白 丁 香 （《河北习见树木图说》）

木犀科丁香属

白花丁香（《东北木本植物图志》）

***Syringa oblata* Lindl. var. *alba* Hort. ex Rehd**

特征：①灌木或小乔木，树皮灰褐色或灰色。小枝、花序轴、花梗、苞片、花萼、幼叶两面以及叶柄均无毛而密被腺毛。小枝较粗，疏生皮孔。②叶片革质或厚纸质，较小，表面有绒毛，卵圆形至肾形，宽常大于长，先端短凸尖至长渐尖或锐尖，基部通常为截形、圆楔形至近圆形，或近心形，上面深绿色，下面淡绿色；萌枝上叶片常呈长卵形，先端渐尖，基部截形至宽楔形。③圆锥花序直立，近球形或长圆形，花萼萼齿渐尖、锐尖或钝；花冠白色，花冠管圆柱形，裂片呈直角开展，卵圆形、椭圆形至倒卵圆形，先端内弯略呈兜状；花药黄色。④果倒卵状椭圆形、卵形至长椭圆形，先端长渐尖，光滑。

花期 4~5 月，果期 6~10 月。

用途：花密而洁白、素雅而清香，常植于庭园观赏，长江以北各庭园普遍栽培。其吸收二氧化硫的能力较强，对二氧化硫污染具有一定净化作用；花可提制芳香油，还可用作鲜切花；嫩叶可代茶。药用价值与"紫丁香"相同。

位置：趵突泉校区教学七楼（趵 A22）周围、槐荫路（趵 B2）东段，兴隆山校区欣园餐厅（兴 A7）西门。

　　白丁香的花语是青春欢笑。由于其颜色素雅，味道清香，所以也被称为"天国之花"。
　　有一味中药材也叫白丁香，但此白丁香非彼白丁香，而是麻雀的粪便，具有消食
化积、消翳明目的作用。治食积，疝瘕瘕癖，目翳胬肉，龋齿。(《中药大辞典》)

(曹冰)

jiē gǔ mù
接 骨 木 （《新修本草》）

忍冬科接骨木属

木蒴藋（《新修本草》），铁骨散（《植物名实图考》），续骨草（《本草纲目》），九节风（《中国经济植物志》）

Sambucus williamsii Hance

特征：①落叶灌木或小乔木，老枝淡红褐色，髓部淡褐色。②羽状复叶有小叶 2~3 对，侧生小叶片卵圆形、狭椭圆形至倒矩圆状披针形，边缘具不整齐锯齿。③花与叶同出，圆锥形聚伞花序顶生，具总花梗，花序分枝多成直角开展；花小而密；萼筒杯状，萼齿三角状披针形；花冠蕾时带粉红色，开后白色或淡黄色，筒短，裂片矩圆形或长卵圆形；雄蕊与花冠裂片等长，开展，花药黄色；花柱短，柱头 3 裂。④果实红色，极少蓝紫黑色，卵圆形或近圆形，分核 2~3 枚，略有皱纹。

花期一般 4~5 月，果熟期 9~10 月。

药用价值：茎枝入药，药材名为接骨木，"祛风利湿，活血止血，主治风湿痹痛，痛风，大骨节病，急慢性肾炎，风疹，跌打损伤，骨折肿痛，外伤出血。"花入药，药材名为接骨木花，"发汗利尿，主治感冒，小便不利。"叶入药，药材名为接骨木叶，"活血，舒筋，止痛，利湿，主治跌打骨折，筋骨疼痛，风湿疼痛，痛风，脚气，烫火伤。"根或根皮入药，药材名为接骨木根，"祛风除湿，活血舒筋，利尿消肿，主治风湿疼痛，痰饮，黄疸，跌打瘀痛，骨折肿痛，急、慢性肾炎，烫伤。"（《中药大辞典》）

位置：趵突泉校区药圃（趵 D13）。

叶如陆英，花亦相似。但作
树高一二丈许，木轻虚无心。斫
枝插便生，人家亦种之。一名木
蒴。所在皆有之。……臣禹锡等
谨按陈藏器云：接骨木，有小毒。
——唐·苏敬《新修本草》

jīn yín rěn dōng

金银忍冬 （《中国高等植物图鉴》）

忍冬科忍冬属

王八骨头（吉林），金银木（山东），木金银、树金银、木银花、金银藤（《湖南药物志》），千层皮、鸡骨头（《长白山植物药志》），马氏忍冬（《华北经济植物志要》）

***Lonicera maackii* (Rupr.) Maxim.**

特征：①落叶灌木，幼枝、叶两面脉上、叶柄、苞片、小苞片及萼檐外面都被短柔毛和微腺毛。②叶纸质，通常卵状椭圆形至卵状披针形，顶端渐尖或长渐尖，基部宽楔形至圆形。③花芳香，生于幼枝叶腋，总花梗短于叶柄；苞片条形，有时条状倒披针形而呈叶状；小苞片多少连合成对，长为萼筒的1/2至几相等，顶端截形；花冠先白色后变黄色，外被短伏毛或无毛，唇形，筒长约为唇瓣的1/2，内被柔毛；雄蕊与花柱长约达花冠的2/3，花丝中部以下和花柱均有向上的柔毛。④果实暗红色，圆形；种子具蜂窝状微小浅凹点。

花期5~6月，果熟期8~10月。

药用价值：茎叶及花入药，药材名为金银忍冬，"祛风，清热，解毒，主治感冒，咳嗽，咽喉肿痛，目赤肿痛，肺痈，乳痈，湿疮。"（《中药大辞典》）

位置：千佛山校区东侧学生公寓区（千A8）。

　　金银木和金银花的花十分相似，"花初开者，蕊瓣俱色白，经二三日，则色变黄。新旧相参，黄白相映"（《本草纲目》），但两者并不是同一品种，学名分别为金银忍冬和忍冬。金银木是落叶灌木，秋天叶片会变黄掉落，留下鲜红的满树硕果对抗冬天的风雪。而金银花是常绿藤本，"附树延蔓……叶似薜荔而青"（《本草纲目》），凌冬不凋，果实为紫黑色。

（曹冰）

yù xiāng rěn dōng
郁香忍冬 （《中国高等植物图鉴》）

忍冬科忍冬属

四月红（河北内丘）

***Lonicera fragrantissima* Lindl. et Paxt.**

特征： ①半常绿或有时落叶灌木，幼枝无毛或疏被倒刚毛，间或夹杂短腺毛，毛脱落后留有小瘤状突起，老枝灰褐色。②叶厚纸质或带革质，形态变异很大，从倒卵状椭圆形、椭圆形、圆卵形、卵形至卵状矩圆形，顶端短尖或具凸尖，基部圆形或阔楔形，两面无毛或仅下面中脉有少数刚伏毛，更或仅下面基部中脉两侧有稍弯短糙毛，有时上面中脉有伏毛，边缘多少有硬睫毛或几无毛。③花先于叶或与叶同时开放，芳香，生于幼枝基部苞腋；苞片披针形至近条形；相邻两萼筒约连合至中部，萼檐近截形或微 5 裂；花冠白色或淡红色，外面无毛或稀有疏糙毛，唇形，内面密生柔毛，裂片深达中部，下唇舌状，反曲；雄蕊内藏，花丝长短不一；花柱无毛。④果实鲜红色，矩圆形，部分连合；种子褐色，稍扁，矩圆形，有细凹点。

花期 2 月中旬至 4 月，果熟期 4 月下旬至 5 月。

用途： 栽培观赏植物，花芳香。

位置： 趵突泉校区中心花园（趵 D7），兴隆山校区学生公寓区（兴 A11）。

春晚山花各静芳，从教红紫送韶光。
忍冬清馥蔷薇酽，薰满千村万落香。
　　　　　　——南宋·范成大《余杭》

灌木参差

wú huā guǒ
无花果 （《救荒本草》）

桑科榕属

阿驵（《酉阳杂俎》）

***Ficus carica* Linn.**

特征： ①落叶灌木，多分枝；树皮灰褐色，皮孔明显；小枝直立，粗壮。②叶互生，厚纸质，广卵圆形，长宽近相等，通常 3~5 裂，小裂片卵形，边缘具不规则钝齿。③雌雄异株，雄花和瘿花同生于一榕果内壁，雄花生内壁口部，花被片 4~5 片，雌花花被与雄花同。④榕果单生叶腋，大而梨形，顶部下陷，成熟时紫红色或黄色，卵形；瘦果透镜状。

花果期 5~7 月。

药用价值： 果实入药，药材名为无花果，"清热生津，健脾开胃，解毒消肿，主治咽喉肿痛，燥咳声嘶，乳汁稀少，肠热便秘，食欲不振，消化不良。"叶入药，药材名为无花果叶，"清热利湿，解毒消肿，主治湿热泄泻，带下，痔疮，痈肿疼痛，瘰疬。"（《中药大辞典》）

根入药，药材名为无花果根，"清肺利咽，解毒消肿，主治肺热咳嗽，咽喉肿痛，痔疮，痈疽，瘰疬，筋骨疼痛。"（《中华本草》）

位置： 千佛山校区舜园餐厅（千 A6）南门。

　　无花果出扬州及云南，今吴、楚、闽、越人家，亦或折枝插成。枝柯如枇杷树，三月发叶如花构叶。五月内不花而实，实出枝间，状如木馒头，其内虚软。采以盐渍，压实令扁，日干充果食。熟则紫色，软烂甘味如柿而无核也。

　　　　　　　　　　　　　　　　　　　　　——明·李时珍《本草纲目》

mǔ dān

牡 丹 （《神农本草经》）

毛茛科芍药属

鼠姑、鹿韭（《神农本草经》），木芍药（《开元天宝遗事》），百两金（《新修本草》），洛阳花（《群芳谱》）

***Paeonia suffruticosa* Andr.**

特征：①落叶灌木，茎分枝短而粗。②叶通常为二回三出复叶，偶尔近枝顶的叶为 3 小叶；顶生小叶宽卵形，3 裂至中部，裂片不裂或 2~3 浅裂，表面绿色，无毛，背面淡绿色，有时具白粉，沿叶脉疏生短柔毛或近无毛；侧生小叶狭卵形或长圆状卵形，不等 2 裂至 3 浅裂或不裂，近无柄。③花单生枝顶；苞片 5 片，长椭圆形；萼片 5 片，绿色，宽卵形；花瓣 5 片，或为重瓣，玫瑰色、红紫色、粉红色至白色，倒卵形，顶端呈不规则的波状；花丝紫红色、粉红色，上部白色，花药长圆形；花盘革质，杯状，紫红色，顶端有数个锐齿或裂片，完全包住心皮，在心皮成熟时开裂；心皮 5 片。④蓇葖长圆形，密生黄褐色硬毛。

花期 5 月，果期 6 月。

药用价值：根皮入药，药材名为牡丹皮，"清热凉血，活血化瘀，用于热入营血，温毒发斑，吐血衄血，夜热早凉，无汗骨蒸，经闭痛经，跌打伤痛，痈肿疮毒。"（《中国药典》）

位置：趵突泉校区药圃（趵 D13）、李时珍塑像（趵 D8）南侧，千佛山校区主楼（千 A12）南 - 西侧花园。

生汉中、剑南（今四川成都及其附近地区）所出者，苗似羊桃，夏生白花，秋实圆绿，冬实赤色，凌冬不凋，根似芍药，肉白皮丹。

——唐·苏敬《新修本草》

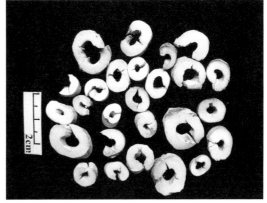

药材图——牡丹皮

zǐ yè xiǎo bò

紫叶小檗

小檗科小檗属

Berberis thunbergii DC.

特征： ①灌木，老枝暗紫色，有条棱，小枝淡红褐色，光滑无毛。②变态叶刺多不分叉，与小枝同色。③叶深紫色，倒卵形，先端钝圆，常有小刺尖，基部下延成短柄状，全缘，近革质。④花单生或2~3花成簇生的伞形花序；每花有小苞片 3 片，卵形，淡红色；萼片 2 轮；花瓣黄白色，长圆状倒卵形，先端平截，子房长圆形，有短花柱。⑤浆果长椭圆形，熟时亮红色。

花期 4~6 月，果期 7~10 月。

药用价值： 根、根皮及枝叶入药，药材名为一颗针。"清热燥湿，泻火解毒，主治湿热泄泻，痢疾，胃热疼痛，目赤肿痛，口疮，咽喉肿痛，急性湿疹，烫伤。"（《中华本草》）

位置： 趵突泉校区杏园餐厅（趵 A27）西门，兴隆山校区教学楼群（兴A4）南侧。

紫叶小檗的花语为善与恶。因为它的生长会对农作物产生一定危害，因此不受农民的喜爱。但它也有自身的价值，能提炼出色素，制成染料，所以得此花语。

（岳家楠）

chóng bàn   dì táng huā

重 瓣 棣 棠 花（《群芳谱》）

蔷薇科棣棠花属

画眉杠（《天目山药用植物志》），金旦子花（《云南中草药》），鸡蛋花、三月花（《贵州中草药名录》），清明花（江西），金棣棠、青通花（《秦岭植物志》），通花条（山西）

Kerria japonica (L.) DC. f. pleniflora (Witte) Rehd.

特征：①落叶灌木，小枝绿色，圆柱形，无毛，常拱垂，嫩枝有棱角。②叶互生，三角状卵形或卵圆形，顶端长渐尖，基部圆形、截形或微心形，边缘有尖锐重锯齿，两面绿色，上面无毛或有稀疏柔毛，下面沿脉或脉腋有柔毛。③单花，着生在当年生侧枝顶端，花梗无毛；萼片卵状椭圆形，顶端急尖，有小尖头，全缘，无毛，果时宿存；花瓣黄色，宽椭圆形，顶端下凹，比萼片长 1~4 倍。④瘦果倒卵形至半球形，褐色或黑褐色，表面无毛，有皱褶。

花期 4~6 月，果期 6~8 月。

药用价值：花入药，药材名为棣棠花，"化痰止咳，利湿消肿，主治咳嗽，风湿痹痛，产后劳伤痛，水肿，小便不利，消化不良，痈疽肿毒，湿疹，荨麻疹。"（《中药大辞典》）

位置：趵突泉校区教学五楼（趵 A30）西侧，千佛山校区舜园餐厅（千 A6）南门。

棣棠花若金黄，一叶一蕊，生甚延蔓，春与
蔷薇同开，可助一色。有单叶者，名金碗，性喜水。

——明·王象晋《群芳谱》

棣棠花，藤本丛生，叶如茶蘼，多尖而小，边如
锯齿。三月开花，金黄色，圆若小球，一叶一蕊，但
繁而不香。

——清·陈淏子《花镜》

huá běi zhēn zhū méi
华北珍珠梅

蔷薇科珍珠梅属

吉氏珍珠梅（《经济植物手册》），珍珠梅（《中国高等植物图鉴》）

***Sorbaria kirilowii* (Regel) Maxim.**

特征：①灌木，枝条开展；小枝圆柱形，稍有弯曲，光滑无毛，幼时绿色，老时红褐色。②羽状复叶，光滑无毛；小叶片对生，披针形至长圆披针形，先端渐尖，稀尾尖，基部圆形至宽楔形，边缘有尖锐重锯齿，上下两面均无毛或在脉腋间具短柔毛。③顶生大型密集的圆锥花序，分枝斜出或稍直立，无毛，微被白粉；萼筒浅钟状，萼片长圆形，全缘，萼片与萼筒约近等长；花瓣倒卵形或宽卵形，先端圆钝，基部宽楔形，白色；雄蕊 20 枚，与花瓣等长或稍短于花瓣，着生在花盘边缘；花盘圆杯状。④蓇葖果长圆柱形，无毛，萼片宿存。

　　花期 6~7 月，果期 9~10 月。

用途：华北珍珠梅栽培容易，抗病虫害，萌蘖性强，生长快速，耐修剪。树姿秀丽，叶片幽雅，花序大而茂盛，小花洁白如雪而芳香，花期长达 3 个月，花蕾圆润如粒粒珍珠，花开似梅，具有很高的观赏价值，是美化、净化环境的优良观花树种。

位置：趵突泉校区号院（趵 D9）、千佛山校区主楼（千 A12）北侧、兴隆山校区天工园（兴 D3）西北角。

华北珍珠梅对烟尘、二氧化硫、硫化氢等有害气体有不同程度的吸收和抗性，能散发出挥发性的植物杀菌素。已知它对金黄色葡萄球菌、绿脓杆菌的杀菌效果好，对于结核杆菌致病力最强的牛型和一般的土壤型抗酸结核杆菌也都具有非常突出的杀伤作用，而且效果稳定。

（曲勇晓）

sān liè xiù xiàn jú

三裂绣线菊 （《青岛木本植物名录》）

蔷薇科绣线菊属

石棒子、硼子（河北），团叶绣球（《中国树木分类学》），三桠
绣球（山东），三裂叶绣线菊（《经济植物手册》）

***Spiraea trilobata* L.**

特征：①灌木，小枝细瘦，开展，稍呈之字形弯曲，嫩时褐黄色，无
毛，老时暗灰褐色。②叶片近圆形，先端钝，基部圆形、楔形或亚心形，
边缘自中部以上有少数圆钝锯齿，两面无毛，下面色较浅。③伞形花
序具总梗，无毛，花梗无毛；苞片线形或倒披针形，上部深裂成细裂片；
萼筒钟状，外面无毛，内面有灰白色短柔毛；萼片三角形，先端急尖，
内面具稀疏短柔毛；花瓣宽倒卵形，先端常微凹；子房被短柔毛，花
柱比雄蕊短。④蓇葖果开张，仅沿腹缝微具短柔毛或无毛。

花期 5~6 月，果期 7~8 月。

用途：庭园习见栽培植物，供观赏。

位置：趵突泉校区中心花园（趵 D5）。

　　绣线菊的花语有两个，一个是祈福，一个是努力。它的花朵比较小，多为白色，象征圣洁，用它作为祈福的花朵非常合适。另外，它的花期很长，非常适合作为景观植物栽培。

（曹冰）

黄 刺 玫 （《种子植物名称》）

蔷薇科蔷薇属

黄刺莓（《中国高等植物图鉴》）

Rosa xanthina Lindl.

特征：①直立灌木，枝粗壮，密集，披散；小枝无毛，有散生皮刺，无针刺。②小叶 7~13 片，小叶片宽卵形或近圆形，稀椭圆形，先端圆钝，基部宽楔形或近圆形，边缘有圆钝锯齿，上面无毛，幼嫩时下面有稀疏柔毛，逐渐脱落；叶轴、叶柄有稀疏柔毛和小皮刺；托叶带状披针形，大部贴生于叶柄，离生部分呈耳状，边缘有锯齿和腺。③花单生于叶腋，重瓣或半重瓣，黄色，无苞片；萼筒、萼片外面无毛，萼片披针形，全缘，先端渐尖，内面有稀疏柔毛，边缘较密；花瓣黄色，宽倒卵形，先端微凹，基部宽楔形；花柱离生，被长柔毛，稍伸出萼筒口外部，比雄蕊短很多。④果近球形或倒卵圆形，紫褐色或黑褐色，无毛，花后萼片反折。

花期 4~6 月，果期 7~8 月。

用途：可供观赏。可做保持水土及园林绿化树种。果实可食、制果酱。花可提取芳香油；花、果药用，能理气活血、调经健脾。

位置：趵突泉校区中心花园（趵 D7）。

　　黄刺玫的花语是"希望与你泛起激情的爱"，它是一种在春夏开花的植物，花朵为金黄色，很适合男孩，尤其是不爱表达的男孩送给自己暗恋的女孩子，借以表达内心的爱意。这样不仅体面、大气，而且还含蓄，既避免了尴尬，又唯美浪漫，容易赢得女孩的喜爱。

（曲勇晓）

méi guī
玫瑰（《群芳谱》）

蔷薇科蔷薇属

徘徊花（《群芳谱》），笔头花、湖花（《浙江中药手册》），
刺玫花（《河北药材》），刺玫菊（《山东中草药手册》）

Rosa rugosa Thunb.

特征：①直立灌木，茎粗壮，丛生；小枝密被绒毛，并有针刺和腺毛，有直立或弯曲、淡黄色的皮刺，皮刺外被绒毛。②小叶 5~9 片；小叶片椭圆形或椭圆状倒卵形，边缘有尖锐锯齿，上面深绿色，无毛，叶脉下陷，有褶皱，下面灰绿色，中脉突起，网脉明显，密被绒毛和腺毛。③花单生于叶腋，或数朵簇生；萼片卵状披针形，先端尾状渐尖，常有羽状裂片而扩展成叶状；花瓣倒卵形，重瓣至半重瓣，芳香，紫红色至白色；花柱离生，被毛，稍伸出萼筒口外，比雄蕊短很多。④果扁球形，砖红色，肉质，平滑，萼片宿存。

花期 5~6 月，果期 8~9 月。

药用价值：花蕾入药，药材名为玫瑰花，"行气解郁，和血，止痛，用于肝胃气痛，食少呕恶，月经不调，跌扑伤痛。"（《中国药典》）

花的蒸馏液入药，药材名为玫瑰露，"和中，养颜泽发，主治肝气犯胃，脘腹胀痛，肤发枯槁。"根入药，药材名为玫瑰根，"活血，调经，止带，主治月经不调，带下，跌打损伤，风湿痹痛。"（《中药大辞典》）

位置：趵突泉校区药圃（趵 D13）。

药材图——玫瑰花

　　很多人看到图中的玫瑰可能会有些疑惑，为什么与自己印象中的玫瑰长得不太一样呢？事实上，我们日常生活中花店里卖的用于插花以及情人节时情侣之间互赠表达爱意的"玫瑰"其实是月季。玫瑰的形态在一些古籍中也有所记载，如明代王象晋的《二如亭群芳谱》："玫瑰一名徘徊，灌生细叶多刺，类蔷薇，茎短。花亦类蔷薇，色淡紫，青鄂，黄蕊瓣末白点中有黄者，稍小于紫。嵩山深处有碧色者。"

（邢雅馨）

yuè jì huā
月季花（《群芳谱》）

蔷薇科蔷薇属
月月红（江苏浙江），月月花（四川）

***Rosa chinensis* Jacq.**

特征：①灌木，小枝有短粗的钩状皮刺或无刺。②羽状复叶，小叶3~5(7) 片，宽卵形或卵状长圆形，先端长渐尖，基部近圆形或宽楔形，边缘有锐锯齿；顶生小叶片有柄；托叶大部分与叶柄连生，边缘有腺毛。③花单生或几朵集生；萼片卵形，有时呈叶状，边缘常有羽裂片，稀全缘，外面无毛，内面密被长柔毛；花瓣重瓣，红色、粉红色至白色，倒卵形，先端有凹缺，常外卷；花柱离生，伸出萼筒口外，子房被柔毛。④蔷薇果，卵圆形或梨形。

花期5~6月，果期9月。

药用价值：干燥花入药，药材名为月季花，"活血调经，疏肝解郁，用于气滞血瘀，月经不调，痛经，闭经，胸胁胀痛。"（《中国药典》）

位置：趵突泉校区药圃（趵D13）、中心花园（趵D6），千佛山校区主楼（千A12）南－西侧花园，兴隆山校区学生公寓区（兴A11）。

　　月季比较优美，花语和寓意也是一样，花语有一层意思是"等待有希望的希望"，表达了对幸福的期待，是一种对未来的向往。还有一层意思是"幸福、光荣"，寓意生活中出现的点滴幸福，亦寓意某人带来了光荣。

（岳家楠）

mù xiāng huā

木香花 （《花镜》）

蔷薇科蔷薇属

木香、锦棚儿（《群芳谱》），红根、刺根（湖南），七里香（四川）

Rosa banksiae Ait.

特征：①攀援小灌木，小枝圆柱形，无毛，有短小皮刺；老枝上的皮刺较大，坚硬，经栽培后有时枝条无刺。②小叶 3~5 片，罕见 7 片；小叶片椭圆状卵形或长圆披针形，先端急尖或稍钝，基部近圆形或宽楔形，边缘有紧贴细锯齿，上面无毛，深绿色，下面淡绿色，中脉突起，沿脉有柔毛。③花小形，多朵成伞形花序；花梗无毛；萼片卵形，先端长渐尖，全缘，萼筒和萼片外面均无毛，内面被白色柔毛；花瓣重瓣至半重瓣，白色，倒卵形，先端圆，基部楔形；心皮多数，花柱离生，密被柔毛，比雄蕊短很多。

花期 4~5 月。

药用价值：花入药，药材名为木香花，"涩肠止泻，解毒止血，主治腹泻，痢疾，疮疖，月经过多，便血。"（《中华本草》）

位置：趵突泉校区银杏路南首路东别墅旁（趵 D11）。

　　藤蔓附木。叶比蔷薇更细小而繁。四月初开花，每颖二蕊，极其香甜可爱者，是紫心小白花，若黄花则不香，即青心大白花者，香味亦不及。至若高架万条，望如香雪，亦不下于蔷薇。

　　　　——清·陈淏子《花镜》

　　木香花的花语是反对战争，寓意着对和平的渴望，希望世间的战争停止，人们能过上幸福安稳的生活。也寓意英雄勇敢无畏，豪情满怀，清明如果去烈士陵园祭扫，可以献上木香花。

　　　　　　　　　　　　　　（邢雅馨）

qī zī mèi
七姊妹 （《群芳谱》）

蔷薇科蔷薇属

十姊妹（《群芳谱》）

***Rosa multiflora* Thunb. var. *carnea* Thory**

特征：①攀援灌木，小枝圆柱形，通常无毛，有短、粗稍弯曲皮刺。②小叶 5~9 片，近花序的小叶有时 3 片；小叶片倒卵形、长圆形或卵形，先端急尖或圆钝，基部近圆形或楔形，边缘有尖锐单锯齿，稀混有重锯齿，上面无毛，下面有柔毛；托叶篦齿状，大部贴生于叶柄。③花多朵，排成圆锥状花序，重瓣，粉红色，花梗无毛或有腺毛，有时基部有篦齿状小苞片；萼片披针形，有时中部具 2 个线形裂片，外面无毛，内面有柔毛；花瓣白色，宽倒卵形，先端微凹，基部楔形；花柱结合成束，无毛，比雄蕊稍长。④果近球形，红褐色或紫褐色，有光泽，无毛，萼片脱落。

花期 4~6 月，果期 7~9 月。

用途：本变种为重瓣，粉红色。栽培供观赏，可作护坡及棚架之用。

位置：趵突泉校区银杏路南首东侧别墅区（趵 D11）。

七姊妹，围抱一根枝上的；
七朵花，从母亲的身体里长出。
七姊妹，同历风雨和春光，一根丝绳拴住；
七朵青春，篱墙外，影子里的誓言。
七姊妹，发丝别着花蕊，金色的针刺，闪耀金色光芒。
七姊妹，眼睛里有湖水，眼睛荡漾水波纹的七姊妹，
粉色的脸腮擦着香粉，明妍过晨昏和雨季。
　　　　　　　　　　——珍今《七姊妹》

máo yīng táo
毛樱桃 （《河北习见树木图说》）

蔷薇科樱属
山樱桃（《名医别录》），梅桃（中国树木分类学），
山豆子（河北），樱桃（东北）

***Cerasus tomentosa* (Thunb.) Wall.**

特征：①灌木，稀呈小乔木状，小枝紫褐色或灰褐色，嫩枝密被绒毛到无毛。冬芽卵形。②叶片卵状椭圆形或倒卵状椭圆形，先端急尖或渐尖，基部楔形，边有急尖或粗锐锯齿，上面暗绿色或深绿色，被疏柔毛，下面灰绿色，密被灰色绒毛或以后变为稀疏；叶柄被绒毛或脱落稀疏；托叶线形，被长柔毛。③花单生或2朵簇生，花叶同开，近先叶开放或先叶开放；花瓣白色或粉红色，倒卵形，先端圆钝；雄蕊20~25枚，短于花瓣；花柱伸出与雄蕊近等长或稍长。④核果近球形，红色；核表面除棱脊两侧有纵沟外，无棱纹。

花期4~5月，果期6~9月。

用途：本种果实微酸甜，可食用或酿酒；种仁含油率高，可制肥皂及润滑油。树形优美，花朵娇小，果实艳丽，是集观花、观果、观型为一体的园林观赏植物。城市庭园常见栽培，供观赏用。

位置：趵突泉校区教学七楼（趵A22）南门。

　　毛樱桃的花语是乡愁，它是花径不足1厘米的小白花，虽和樱花、桃花、梅花比起来显得朴素无华，但蕴含着浓浓的乡土气息，常常会引起人们对故乡的思念。

（邢雅馨）

yí yè qiū

一 叶 萩

大戟科白饭树属

山蒿树（安徽），狗梢条（吉林），白几木（广西）

叶底珠（《中国高等植物图鉴》）

***Flueggea suffruticosa* (Pall.) Baill.**

特征：①灌木，多分枝；小枝浅绿色，近圆柱形，有棱槽，有不明显的皮孔；全株无毛。②叶片纸质，椭圆形或长椭圆形，稀倒卵形，顶端急尖至钝，基部钝至楔形，全缘或间有不整齐的波状齿或细锯齿，下面浅绿色；侧脉每边 5~8 条，两面凸起，网脉略明显；托叶卵状披针形，宿存。③花小，雌雄异株，簇生于叶腋；雄花 3~18 朵簇生；萼片通常 5 片，椭圆形，全缘或具不明显的细齿；雄蕊 5 枚，花药卵圆形；雌花萼片 5 片，椭圆形至卵形，近全缘，背部呈龙骨状凸起；花盘盘状，全缘或近全缘；子房卵圆形，3 室，花柱 3 条，分离或基部合生，直立或外弯。④蒴果三棱状扁球形，成熟时淡红褐色，有网纹，3 片裂；基部常有宿存的萼片；种子卵形而一侧扁压状，褐色而有小疣状凸起。

花期 3~8 月，果期 6~11 月。

药用价值：嫩枝叶或根入药，药材名为一叶萩，"祛风活血，益肾强筋，主治风湿腰痛，四肢麻木，阳痿，小儿疳积，面神经麻痹，小儿麻痹症后遗症。"（《中华本草》）

位置：趵突泉校区药圃（趵 D13）。

一叶荻又称叶底珠,远远看去不由得疑惑:它是无花植物?
凑近一瞧才发现奥秘所在:那绿色的叶片下隐藏着珍珠形状的
小花。它的花如此内敛低调,成就了花朵衬托绿叶的美谈。

(岳家楠)

zhǐ
枳 （《周礼》）

芸香科枳属

枸橘（《橘录》），臭橘、臭杞、雀不站、铁篱寨

***Poncirus trifoliata* (L.) Raf.**

特征：①小乔木，树冠伞形或圆头形。枝绿色，嫩枝扁，有纵棱，刺尖干枯状，红褐色，基部扁平。②叶柄有狭长的翼叶，叶缘有细钝裂齿或全缘，嫩叶中脉上有细毛。③花单朵或成对腋生，先叶开放，也有先叶后花的，有完全花及不完全花，后者雄蕊发育，雌蕊萎缩，花有大、小二型；花瓣白色，匙形，花丝不等长。④果近圆球形或梨形，大小差异较大，果顶微凹，有环圈，果皮暗黄色，粗糙，也有无环圈，果皮平滑的，油胞小而密，果心充实，汁胞有短柄，果肉含黏液，微有香橼气味，甚酸且苦，带涩味，有种子 20~50 粒；种子阔卵形，乳白或乳黄色，有黏液，平滑或间有不明显的细脉纹。

　　花期 5~6 月，果期 10~11 月。

药用价值：幼果或未成熟果实入药，药材名为枸橘（绿衣枳实、绿衣枳壳），"疏肝和胃，理气止痛，消积化滞，主治胸胁胀满，脘腹胀痛，乳房结块，疝气疼痛，睾丸肿痛，跌打损伤，食积，便秘，子宫脱垂。"（《中药大辞典》）

位置：趵突泉校区教学三楼（趵 A31）东北角、中心花园（趵 D7）绿篱

晨起动征铎，客行悲故乡。
鸡声茅店月，人迹板桥霜。
槲叶落山路，枳花明驿墙。
因思杜陵梦，凫雁满回塘。
——唐·温庭筠《商山早行》

huáng lú
黄 栌 （《植物学报》）

漆树科黄栌属

红叶、红叶黄栌、黄道栌、黄溜子、黄龙头、黄栌材、黄栌柴

***Cotinus coggygria* Scop. var. *cinerea* Engl.**

特征：①灌木。②叶倒卵形或卵圆形，先端圆形或微凹，基部圆形或阔楔形，全缘，两面或尤其叶背显著被灰色柔毛。③圆锥花序被柔毛；花杂性，花萼无毛，裂片卵状三角形；花瓣卵形或卵状披针形，无毛；雄蕊 5 枚，花药卵形，与花丝等长，花盘 5 裂，紫褐色；子房近球形，花柱 3 条，分离，不等长。④果肾形，无毛。

花期 4~5 月，果期 9~10 月。

药用价值：根入药，药材名为黄栌根，"清热利湿，散瘀，解毒，主治黄疸，肝炎，跌打瘀痛，皮肤瘙痒，赤眼，丹毒，烫火伤，漆疮。"枝叶入药，药材名为黄栌枝叶，"清热解毒，活血止痛，主治黄疸型肝炎，丹毒，漆疮，水火烫伤，结膜炎，跌打瘀痛。"（《中华本草》）

用途：是中国重要的观赏红叶树种，叶片秋季变红，鲜艳夺目，著名的北京香山红叶就是该树种。其在园林中适宜丛植于草坪、土丘或山坡，亦可混植于其它树群尤其是常绿树群中。黄栌花后久留不落的不孕花的花梗呈粉红色羽毛状，在枝头形成似云似雾的景观；黄栌也是良好的造林树种。木材黄色，古代用来做黄色染料。

位置：千佛山校区主楼（千 A12）南 - 西侧花园，兴隆山校区学生公寓区（兴 A11）。

黄栌生商洛山谷，川界甚有之。
叶圆木黄，可染黄色……木苦寒无
毒，除烦热，解酒疸目黄。
　　　　——唐·陈藏器《本草拾遗》

dōng qīng wèi máo

冬青卫矛 （《中国高等植物图鉴》）

卫矛科卫矛属

大叶黄杨（《中国植物志》），四季青（《中国树木分类学》），调经草（贵州），正木、八木（《中药大辞典》）

***Euonymus japonicus* Thunb.**

特征：①灌木，高可达 3 米；小枝四棱，具细微皱突。②叶革质，有光泽，倒卵形或椭圆形，先端圆阔或急尖，基部楔形，边缘具有浅细钝齿。③聚伞花序 5~12 花，2~3 次分枝，分枝及花序梗均扁壮，第三次分枝常与小花梗等长或较短；花白绿色；花瓣近卵圆形，雄蕊花药长圆状，内向；子房每室 2 胚珠，着生中轴顶部。④蒴果近球状，淡红色；种子每室 1 粒，顶生，椭圆状，假种皮橘红色，全包种子。

花期 6~7 月，果熟期 9~10 月。

药用价值：根入药，药材名为大叶黄杨根，"调经化瘀，治月经不调，痛经。"茎皮及枝入药，药材名为大叶黄杨，"祛风湿、强筋骨，活血止血，主治风湿痹痛，腰膝酸软，跌打伤肿，骨折，吐血。"叶入药，药材名为大叶黄杨叶，"解毒消肿，主治疮疡肿毒。"（《中药大辞典》）

位置：趵突泉校区教学八楼（趵 A20）北门两侧，兴隆山校区欣园餐厅（兴 A7）南侧。

山光秀可餐，溪水清可啜。白云映空碧，突起若积雪。
我行溪山间，灵府为澄澈。峻嶒崖角立，蟠屈路九折。
黄杨与冬青，郁郁自成列；其根贯石罅，横逸相纠结。
上扪雕鹘巢，下历豺虎穴。流泉不可见，锵然响环玦。
出山日已暮，林火远明灭。小息得樵家，题诗记幽绝。
　　　　　　　　　　——宋·陆游《山行》

fú fāng téng

扶芳藤 （《中国高等植物图鉴》）

卫矛科卫矛属

滂藤（《本草拾遗》），岩青杠、万年青、尖叶爬行卫矛（贵州），卫生草、千斤藤、山百足（广西），抬络藤、白对叶肾、对叶肾、白垟络、土杜仲、藤卫矛（浙江），攀援丝棉木（江西），坐转藤（《常用中草药手册》），换骨筋（云南）

***Euonymus fortunei* (Turcz.) Hand.-Mazz.**

特征：①常绿藤本灌木，小枝方棱不明显。②叶薄革质，椭圆形、长方椭圆形或长倒卵形，宽窄变异较大，可窄至近披针形。先端钝或急尖，基部楔形，边缘齿浅不明显，侧脉细微和小脉全不明显。③聚伞花序，分枝中央有单花，花白绿色；花盘方形；花丝细长，花药圆心形；子房三角锥状，四棱，粗壮明显。④蒴果粉红色，果皮光滑，近球状；种子长方椭圆状，棕褐色，假种皮鲜红色，全包种子。

花期 6 月，果期 10 月。

药用价值：带叶茎枝入药，药材名为扶芳藤，"益肾壮腰，舒筋活络，止血消瘀，主治肾虚，腰膝酸痛，半身不遂，风湿痹痛，小儿惊风，咯血，吐血，血崩，月经不调，子宫脱垂，跌打骨折，创伤出血。"（《中华本草》）

位置：趵突泉校区、千佛山校区、兴隆山校区草坪植物。

陈藏器云："扶芳藤……山人取枫树上者为附枫藤。"附枫与扶芳一声之转，扶芳即附枫，谓其常依附于枫树上。滂，为水盛漫流貌，本植物常生长茂盛，如水涌之状，故称滂藤。本植物为常绿攀援植物，故亦名爬墙虎、万年青。藤皮和叶折断有胶质丝，如杜仲，故名土杜仲、小藤仲、攀援丝棉木等。其藤茎常生有细长根，似足，故名山百足。

——《中华本草》

yíng chūn huā
迎春花（《群芳谱》）

木犀科素馨属

Jasminum nudiflorum **Lindl.**

特征： ①落叶灌木，直立或匍匐，枝条下垂。枝稍扭曲，光滑无毛，小枝四棱形，棱上多少具狭翼。②叶对生，三出复叶，小枝基部常具单叶；叶轴具狭翼，叶柄无毛；叶片和小叶片幼时两面稍被毛，老时仅叶缘具睫毛；小叶片卵形、长卵形或椭圆形，狭椭圆形，稀倒卵形，先端锐尖或钝，具短尖头，基部楔形，叶缘反卷；顶生小叶片较大，无柄或基部延伸成短柄，侧生小叶片无柄；单叶为卵形或椭圆形，有时近圆形。③花单生于去年生小枝的叶腋，稀生于小枝顶端；花萼绿色，裂片 5~6 枚，窄披针形，先端锐尖；花冠黄色，花冠管向上渐扩大，裂片 5~6 枚，长圆形或椭圆形，先端锐尖或圆钝。

花期 4~6 月。

药用价值： 花入药，药材名为迎春花，"清热解毒，活血消肿，主治发热头痛，咽喉肿痛，小便热痛，恶疮肿毒，跌打损伤。"叶入药，药材名为迎春花叶，"清热，利湿，解毒，主治感冒发热，小便淋痛，外阴瘙痒，肿毒恶疮，跌打损伤，刀伤出血。"（《中药大辞典》）

位置： 趵突泉校区护理学院（趵 A34）东侧，千佛山校区教学九楼（千 A34）北侧，兴隆山校区欣园餐厅（兴 A7）东侧。

迎春花的花语十分美好：相爱到永远。它的花朵十分淡雅，有着淡淡的香味。据说帝王舜带领百姓治理洪水，他的妻子在庭院里亲手为他种植了迎春花，就在迎春花开花之际，舜的妻子病重而去。舜回来后不见妻子却只见迎春花鲜艳美丽，像他的妻子一样。舜看着迎春花大哭，此后每年都种迎春花，最后成了一片花海。

（岳家楠）

jīn zhōng huā

金 钟 花（《中国树木分类学》）

木犀科连翘属

迎春柳（浙江），金梅花、金铃花（丽江），迎春条（南京），土连翘（《新华本草纲要》），单叶连翘（《贵州中草药名录》）

***Forsythia viridissima* Lindl.**

特征：①落叶灌木，全株除花萼裂片边缘具睫毛外，其余均无毛。枝棕褐色或红棕色，直立，小枝绿色或黄绿色，呈四棱形，皮孔明显，具片状髓。②叶片长椭圆形至披针形，或倒卵状长椭圆形，先端锐尖，基部楔形，通常上半部具不规则锐锯齿或粗锯齿，上面深绿色，下面淡绿色，两面无毛。③花着生于叶腋，先于叶开放；花萼裂片绿色、卵形、宽卵形或宽长圆形，具睫毛；花冠深黄色，裂片狭长圆形至长圆形，内面基部具桔黄色条纹，反卷。④果卵形或宽卵形，基部稍圆，先端喙状渐尖，具皮孔。

花期 3~4 月，果期 8~11 月。

药用价值：果壳、根或叶入药，药材名为金钟花，"清热解毒，祛湿泻火，主治流行性感冒，颈淋巴结结核，目赤肿痛，筋骨酸痛，肠痈，丹毒，疥疮。"（《中药大辞典》）

位置：趵突泉校区教学七楼（趵 A22）西侧长廊，千佛山校区东侧学生公寓宿舍区（千 A8），兴隆山校区欣园餐厅（兴 A7）东侧小树林。

　　金钟花的花语是隐藏在心底的爱。它的花朵呈鲜艳的黄色，并且先于叶片进行开放。因为金钟花大多数生长在灌木丛中，如果不开花的话，很难发现它的存在，所以金钟花象征着隐藏在心底的爱。

（邢雅馨）

lián qiáo
连翘（《尔雅疏》）

木犀科连翘属

连、异翘（《尔雅》），黄花杆、黄寿丹（河南），兰华、折根、轵、三廉（《神农本草经》），大翘（《新修本草》），黄花树、黄链条花、黄花条、黄绶丹（《新华本草纲要》）

***Forsythia suspensa* (Thunb.) Vahl**

特征：①落叶灌木，小枝褐色，中空。②单叶对生或三出复叶，卵形至长圆状卵形，先端渐尖或急尖，基部圆形至宽楔形，缘具粗锯齿。③花1~3朵或数朵腋生；花萼绿色，4深裂，裂片长圆形；花冠黄色，裂片4片，倒卵状椭圆形，花冠筒内有桔红色条纹；雄蕊2枚，着生于花冠筒基部；子房2室，花柱短于雄蕊，柱头2裂。④蒴果卵圆形，先端有长喙，表面散生瘤点，2室，开裂。含多数种子。

花期3~4月，果期7~8月。

药用价值：果实入药,药材名为连翘。初熟的果实采下后,蒸熟,晒干,尚带绿色,称为"青翘";熟透的果实,采下后晒干,除去种子及杂质,称为"老翘"。"清热解毒,消肿散结,疏散风热。用于痈疽,瘰疬,乳痈,丹毒,风热感冒,温病初起,温热入营,高热烦渴,神昏发斑,热淋涩痛。"(《中国药典》)

根入药,药材名为连翘根,"清热解毒,利湿退黄,主治黄疸,发热。"(《中药大辞典》)

嫩茎叶入药,药材名为连翘茎叶,"主心肺积热。"(《中华本草》)

位置：趵突泉校区药圃（趵D13）。

药材图——连翘

连翘，有大翘、小翘二种，生下湿地或山岗上；叶青黄而狭长，如榆叶、水苏辈；茎赤色，高三四尺许；花黄可爱；秋结实似莲作房，翘出众草，以此得名；根黄如蒿根。八月采房，阴干。

——宋·苏颂《本草图经》

jīn yè nǚ zhēn
金叶女贞 （《园林植物识别与应用》）

木犀科女贞属

英国女贞，金边女贞

Ligustrum × vicaryi Rehder

特征：①落叶灌木，嫩枝带有短毛。②叶片薄革质，单叶对生，椭圆形或卵状椭圆形，先端尖，基部楔形，全缘。新叶金黄色，老叶黄绿色至绿色。③总状花序，小花白色，筒状。④核果阔椭圆形，紫黑色，内含一粒种子。

花期 5~6 月，果期 10 月。

用途：叶色金黄，观赏性较佳。盆栽可用于门廊或厅堂处摆放观赏；园林中常片植或丛植，或做绿篱栽培。

位置：兴隆山校区教学楼群（兴 A4）南侧。

金叶女贞性喜光，稍耐阴，耐寒能力较强，不耐高温高湿，在京津地区，小气候好的楼前避风处，冬季可以保持不落叶。它抗病力强，很少有病虫危害。金叶女贞的叶子为绚丽的金黄色，花为银白色，因此有"金玉满堂"之意。

(曹冰)

chòu mǔ dān
臭 牡 丹 （《植物名实图考》）

马鞭草科大青属
臭枫根、大红袍（《植物名实图考》），矮桐子（四川），臭梧桐（江苏），臭八宝（河北）

Clerodendrum bungei **Steud.**

特征： ①小灌木，嫩枝稍有柔毛，枝内白色髓坚实。②叶有强烈臭味，宽卵形，先端尖或渐尖，基部心形，边缘有大或小的锯齿，两面多少有糙毛或近无毛，下面有小腺点。③聚伞花序紧密，顶生；苞片早落；花有臭味；④花萼小、紫红色，红色；花冠高脚碟状，淡红色；⑤核果倒卵形，成熟后蓝紫色。

花期7~8月，果期9~10月。

药用价值： 种子入药，药材名为臭牡丹，"解毒消肿，祛风湿，降血压，主治痈疽，疔疮，发背，乳痈，痔疮，湿疹，丹毒，风湿痹痛，高血压病。"根入药，药材名为臭牡丹根，"行气健脾，祛风除湿，解毒消肿，主治食滞腹胀，头昏，虚咳，久痢脱肛，肠痔下血，淋浊带下，风湿痛，脚气，痈疽肿毒，漆疮，高血压病。"（《中药大辞典》）

位置： 趵突泉校区图书馆（趵 A21）东南角别墅南侧。

一名臭枫根，一名大红袍，高可三四尺，圆叶有尖，如紫荆叶而薄，又似油桐叶而小，梢端叶颇红，就梢叶内开五瓣淡紫花成攒，颇似绣球，而须长如聚针。

——清·吴其濬《植物名实图考》

jīng tiáo

荆 条 （《中国高等植物图鉴》）

马鞭草科牡荆属

***Vitex negundo* L. var. *heterophylla* (Franch.) Rehd.**

特征：①落叶灌木。②掌状复叶，小叶 3~5 片；小叶片长椭圆状披针形，中间小叶片长，两侧小叶片依次渐小，先端渐尖，基部楔形，全缘或每边有 1~2 对粗锯齿，上面绿色疏生短柔毛，下面灰白色，密被细绒毛；叶柄密被短柔毛。③圆锥状聚伞花序顶生；花萼钟状，顶端 5 浅裂；花冠淡紫色，顶端 5 裂，二唇形，花冠筒略长于花萼；雄蕊与花柱均伸出花冠筒外；子房近无毛。④核果干燥近球形，黑褐色。花果期 6~11 月。

药用价值：果实入药，药材名黄荆子，"理气消食，祛痰镇咳，祛风止痛。主治肝胃气痛，食积，便秘，疝气，咳嗽，哮喘，感冒发热，风湿痹痛。"（《中药大辞典》）

位置：趵突泉校区药圃（趵 D13），千佛山校区主楼（千 A12）南 – 东侧花园。

药材图——黄荆子

　　负荆请罪的故事想必大家都已耳熟能详。荆在古代又名为楚，用来做刑杖，鞭打犯人。负荆请罪的荆条就是我们现在所说的牡荆属植物。而常说的荆与棘实际上是两种不同的植物。荆条无刺，棘在植物志里指的是酸枣，枝条上密布托叶刺。荆、棘常常混生在山野，阻挡古时人们的去路，所以也有披荆斩棘之说，也是"荆棘"的由来。

　　　　　　　　　　　　　　　　　　　　　　　　　　　　　（邢雅馨）

gǒu qǐ
枸 杞（《神农本草经》）

茄科枸杞属

枸杞菜（广东、广西、江西），红珠仔刺（福建），牛吉力（浙江），
狗牙子（四川），狗牙根（陕西），狗奶子（江苏、安徽、山东）

***Lycium chinense* Mill.**

特征：①多分枝灌木，近无毛。枝条弯曲或匍匐，有针刺。②叶互生
或簇生，狭卵形至卵状披针形，全缘。③花单生或1~4朵丛生于叶腋；
花萼钟形，通常3中裂或4~5齿裂，裂片多少有缘毛；花冠淡紫色，
漏斗状，5深裂，裂片卵形，顶端圆钝，平展或稍向外反曲，边缘有缘毛；
雄蕊5枚；伸出花冠外；雌蕊1枚，子房长卵形，柱头球形。④浆果
卵形，熟时鲜红色。种子扁肾脏形，黄色。

花期6~9月，果期6~10月。

药用价值：根皮入药，药材名为地骨皮，"凉血除蒸，清肺降火，用
于阴虚潮热，骨蒸盗汗，肺热咳嗽，咯血，衄血，内热消渴。"（《中
国药典》）

嫩茎叶入药，药材名为枸杞叶，"补虚益精，清热明目，主治虚
劳发热，烦渴，目赤昏痛，障翳夜盲，崩漏带下，热毒疮肿。"（《中
药大辞典》）

位置：各校区大树根周围散生。

古者枸杞、地骨取常山者为上，其他丘陵阪岸者皆可用，后世惟取陕西者良，而又以甘州者为绝品。今陕西之兰州、灵州、九原以西，枸杞并是大树，其叶厚、根粗；河西及甘州者，其子圆如樱桃，暴干紧小，少核，干亦红润甘美，味如葡萄，可作果食，异于他处者。

——明·李时珍《本草纲目》

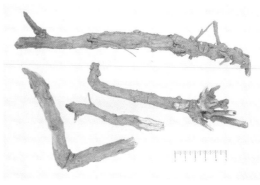

药材图——地骨皮

gāng zhú

刚 竹 （《江苏植物志》）

禾本科刚竹属

***Phyllostachys sulphurea* (Carr.) A. et C. Riv. 'Viridis'**

特征：①竿高 6~15 米，直径 4~10 厘米，幼时无毛，微被白粉，绿色，成长的竿呈绿色或黄绿色；中部节间长 20~45 厘米；竿环在较粗大的竿中于不分枝的各节上不明显；箨环微隆起。箨鞘背面呈乳黄色或绿黄褐色又多少带灰色，有绿色脉纹，无毛，微被白粉，有淡褐色或褐色略呈圆形的斑点及斑块；箨耳及鞘口繸毛俱缺；箨舌绿黄色，拱形或截形，边缘生淡绿色或白色纤毛；箨片狭三角形至带状，外翻，微皱曲，绿色，但具橘黄色边缘。②末级小枝有 2~5 叶；叶鞘几无毛或仅上部有细柔毛；叶耳及鞘口繸毛均发达；叶片长圆状披针形或披针形。③花枝未见。

　　笋期 5 月中旬。

用途：刚竹竿高挺秀，枝叶青翠，是各省区重要的观赏和用材竹种之一。可栽植于建筑前后、山坡、水池边、草坪一角，宜在居民区、风景区种植绿化美化。宜筑台种植，旁可植假山石衬托，或配松、梅，形成"岁寒三友"之景。

位置：趵突泉校区教学三楼（趵 A31）北侧三角花园，千佛山校区主楼（千 A12）南 - 东侧花园。

咬定青山不放松，立根原在破岩中。
千磨万击还坚劲，任尔东西南北风。

——清·郑燮《竹石》

●藤蔓宛转●

hé shǒu wū
何首乌 （《开宝本草》）

蓼科何首乌属

多花蓼、紫乌藤、夜交藤（《中国植物志》），地精、首乌、野苗、交茎、交藤、夜合、桃柳藤（《何首乌录》），赤敛（《理伤续断秘方》），陈知白（《开宝本草》），红内消（《外科精要》）

Fallopia multiflora (Thunb.) Harald.

特征： ①多年生缠绕草本，块根肥壮，茎多分枝，基部带木质。②单叶互生，通常呈心形；有长柄；托叶鞘膜质，常早落。③圆锥花序顶生或腋生，多分枝；花小而多，白色，花被5裂，外3片背部具翅，果后增大，形成果实外面的3片纵翅。④瘦果三角形，黑色，平滑，光亮，全包于翅状扩大的花被内。

花期9月，果期10~11月。

药用价值： 块根入药，药材名为何首乌，"解毒，消痈，截疟，润肠通便，用于疮痈，瘰疬，风疹瘙痒，久疟体虚，肠燥便秘。"何首乌的炮制加工品，药材名为制何首乌，"补肝肾，益精血；乌须发，强筋骨，化浊降脂，用于血虚萎黄，眩晕耳鸣，须发早白，腰膝酸软，肢体麻木，崩漏带下，高脂血症。"藤茎入药，药材名为首乌藤，"养血安神，祛风通络，用于失眠多梦，血虚身痛，风湿痹痛，皮肤瘙痒。"（《中国药典》）

位置： 趵突泉校区药圃及周边（趵D13）。

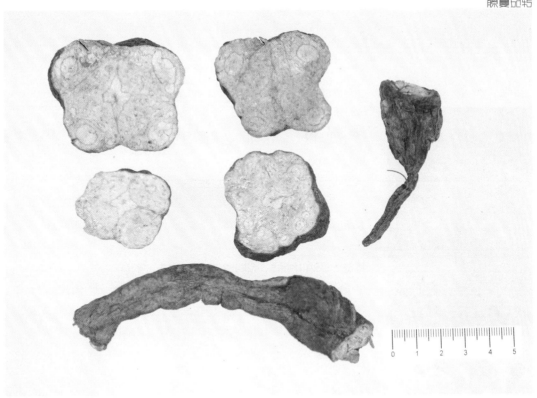

药材图——何首乌

此草有奇效，尝闻于习之。陵阳亦旧产，其地尤所宜。
翠蔓走岩壁，芳丛蔚参差。下有根如拳，赤白相雄雌。
斸之高秋后，气味乃不亏。断以苦竹刀，蒸曝凡九为。
夹罗下香屑，石密相和治。入白杵万过，盈盘走累累。
日进岂厌屡，初若无所滋。渐久觉肤革，鲜润如凝脂。
既已须发换，白者无一丝。耳目固聪明，步履欲走驰。
十年亲友别，忽见皆生疑。问胡得尔术，容貌曾莫衰。
为之讲灵苗，不为世俗知。盖以多见贱，蓬蘽同一亏。
君如听予服，此语不敢欺。勿信柳子厚，但夸仙灵脾。

——宋·文同《寄何首乌丸与友人》

药材图——北豆根

biān fú gě
蝙蝠葛

防己科蝙蝠葛属

土常山（《秦岭植物志》），防己葛（《山西中草药》）

Menispermum dauricum DC.

特征：①落叶藤本。②叶 3~7 掌状浅裂。两面平滑无毛；叶柄盾状着生于叶背。③圆锥花序腋生；花单性，雌、雄异株，白色或淡黄绿色；花萼 6~8 枚；花瓣 6~10 片，较花萼短小；雄花雄蕊 12~18 枚；雌花雄蕊退化，心皮 3 片，分离。④核果近球形，黑紫色。

花期 5~6 月，果期 9~10 月。

药用价值：根茎入药，药材名为北豆根，"清热解毒，祛风止痛，用于咽喉肿痛，热毒泻痢，风湿痹痛。"（《中国药典》）

藤茎入药，药材名为蝙蝠藤，"清热解毒，消肿止痛，主治腰痛，瘰疬，咽喉肿痛，腹泻痢疾，痔疮肿痛。"叶入药，药材名为蝙蝠葛叶，"散结消肿，祛风止痛，主治瘰疬，风湿痹痛。"（《中华本草》）

位置：趵突泉校区药圃（趵 D13）。

　　此藤附生岩壁、乔木及入墙茨侧，叶类蒲荡而小，多歧，劲厚青滑，绝似蝙蝠形，故名。

——清·赵学敏《本草纲目拾遗》

zǐ téng
紫 藤 （《开宝本草》）

豆科紫藤属
紫藤萝，白花紫藤

***Wisteria sinensis* (Sims) DC.**

特征：①落叶大藤本，小枝被柔毛。②奇数羽状复叶，小叶 7~13 片；小叶卵状长椭圆形至卵状披针形，先端渐尖，基部圆形，幼时两面密生平伏白色柔毛，老叶近无毛。③总状花序，花序轴、花梗及萼均被白色柔毛；花冠紫色。④荚果表面密生黄色绒毛，有喙，木质，开裂；种子扁圆形，1~5 枚。

花期 4~5 月，果期 8~9 月。

药用价值：种子入药，药材名为紫藤子，"活血，通络，解毒，驱虫，主治筋骨疼痛，腹痛吐泻，小儿蛲虫病。"根入药，药材名为紫藤根，"祛风除湿，舒筋活络，主治痛风，痹证。"（《中药大辞典》）

位置：趵突泉校区图书馆（趵 A21）南侧长廊、教学七楼（趵 A22）西侧长廊，千佛山校区主楼（千 A12）南 - 东侧花园。

紫藤挂云木，花蔓宜阳春。
密叶隐歌鸟，香风留美人。
——唐·李白《紫藤树》

wū yè dì jǐn
五叶地锦（《东北木本植物图志》）

葡萄科地锦属

五叶爬山虎（《经济植物手册》）

Parthenocissus quinquefolia (L.) Planch.

特征： ①木质藤本，小枝圆柱形，无毛。②叶为掌状 5 小叶，小叶倒卵圆形、倒卵椭圆形或外侧小叶椭圆形。③花序假顶生形成主轴明显的圆锥状多歧聚伞花序，子房卵锥形，渐狭至花柱，或后期花柱基部略微缩小，柱头不扩大。④果实球形，种子倒卵形，顶端圆形，基部急尖成短喙，种脐在种子背面中部呈近圆形，腹部中棱脊突出，两侧洼穴呈沟状，从种子基部斜向上达种子顶端。

花期 6~7 月，果期 8~10 月。

用途： 五叶地锦颜色随着季节变化而变化，是垂直绿化、草坪及地被绿化墙面、廊架、山石或老树干的好材料，也可做地被植物。

位置： 趵突泉校区校友门（趵 C2）西侧（趵 D1），兴隆山校区悦园（兴 A9）南侧、学生公寓区（兴 A11）。

山坡上五叶地锦的叶子红
了，远看像是波涛涌流，配上
遒劲交错的灰白色枝干，更像
是哪位书画大家笔走龙蛇潇洒
写就的宏幅巨作；近看斑斓的
叶片重重叠叠，浓墨重彩，红
黄橙紫相得益彰。

（叶邓辉）

guā lóu

栝楼 （《神农本草经》）

葫芦科栝楼属

瓜蒌、瓜楼、药瓜（《中国植物志》），果裸（《诗经》），地楼（《神农本草经》），王菩（《吕氏春秋》），王白（《广雅》），泽巨、泽冶（《吴普本草》），瓜瓤（《针灸甲乙经》），泽姑、黄瓜（《名医别录》），柿瓜（《医林纂要》），鸭屎瓜（广东）

Trichosanthes kirilowii **Maxim.**

特征：①多年生草质攀援藤本，块根肥厚。茎粗壮，分枝多。②单叶互生，叶掌状浅裂或中裂，边缘有疏齿或缺刻，叶柄相对处有卷须，2裂。③雌雄异株。雄花成总状花序，苞倒卵形，萼5裂，裂片披针形而向外反卷，花冠白色，5深裂，裂片再细裂如丝，雄蕊3枚，花药结合。雌花单生，子房下位。④瓠果近球形或卵圆形，黄褐色。

花期5~9月，果期9~10月。

药用价值：根入药，药材名为天花粉，"清热泻火，生津止渴，消肿排脓，用于热病烦渴，肺热燥咳，内热消渴，疮疡肿毒。"果皮入药，药材名为瓜蒌皮，"清热化痰，利气宽胸，用于痰热咳嗽，胸闷胁痛。"种子入药，药材名为瓜蒌子，"润肺化痰，滑肠通便，用于燥咳痰黏，肠燥便秘。"果实入药，药材名为瓜蒌，"清热涤痰，宽胸散结，润燥滑肠，用于肺热咳嗽，痰浊黄稠，胸痹心痛，结胸痞满，乳痈，肺痈，肠痈，大便秘结。"（《中国药典》）

位置：趵突泉校区药圃及周边（趵D13）。

　　栝楼，生洪农山谷及山阴地，今所在有之。……皮黄肉白，三、四月内生苗，引藤蔓，叶如甜瓜叶，作叉，有细毛。七月开花，似葫芦花，浅黄色。实在花下，大如拳，生青，至九月熟，赤黄色。……其实有正圆者，有锐而长者，功用皆同。

——宋·苏颂《本草图经》

药材图——瓜蒌　　　　　　　　　　　药材图——瓜蒌子

luó mó
萝 藦 （《新修本草》）

萝藦科萝藦属

芄兰（《诗疏》），斫合子（《本草纲目拾遗》），白环藤、羊婆奶、婆婆藦落线包（河北），羊角、天浆壳、土古藤、奶浆藤（华北），斑风藤（湖南），老鸹瓢、哈喇瓢、鹤光飘（东北），洋飘飘（江苏），天将果、千层须、飞来鹤、鹤瓢棵、野蕻菜（华东）

***Metaplexis japonica* (Thunb.) Makino**

特征：①多年生草质藤本，有乳汁。②叶对生，卵状心形，全缘，基部心形，有长柄，叶柄顶端有丛生腺体。③总状聚伞花序腋生，有长花序梗；花萼5深裂，裂片披针形，外面及边缘被柔毛；花冠钟形，白色带淡紫红色斑纹，5深裂，裂片披针形，先端反卷，里面被柔毛；副花冠环状，5浅裂；雄蕊5枚，合生成圆锥状，包围雌蕊，花粉块卵圆形，下垂；子房上位，柱头延伸成1长喙，顶端2裂。④蓇葖果纺锤形，表面常有瘤状突起；种子扁卵圆形，褐色，顶端具白色绢质种毛。

花期7~8月；果期9~10月。

药用价值：全草或根入药，药材名为萝藦，"补精益气，解毒消肿，主治虚损劳伤，阳痿，遗精白带，乳汁不足，丹毒，瘰疬，疔疮，蛇虫咬伤。"果实入药，药材名为萝藦子，"补肾益精，生肌止血，主治虚劳，阳痿，遗精，金疮出血。"（《中药大辞典》）

位置：千佛山校区、兴隆山校区灌丛中散生。

　　萝藦是一种缠绕力很强的藤蔓，花呈白粉色，有浓密的绒毛，叶片呈心形，质感肥厚。如果掐破茎叶，可见白色乳汁流出。萝藦的果实未熟时是青色的，大体是个梭子形，表面有很多不规则突起。果实成熟后会裂成两半，露出里面层层叠叠排列着的种子。

（邢雅馨）

é róng téng

鹅 绒 藤 （《东北植物检索表》）

萝摩科鹅绒藤属

祖子花（锦州），羊奶角角、牛皮消（《中药大辞典》），祖马花、趋姐姐叶、老牛肿（《全国中草药汇编》），软毛牛皮消（青海）

***Cynanchum chinense* R. Br.**

特征：①缠绕草本，主根圆柱状，干后灰黄色；全株被短柔毛。②叶对生，薄纸质，宽三角状心形，顶端锐尖，基部心形，叶面深绿色，叶背苍白色，两面均被短柔毛，脉上较密。③伞形聚伞花序腋生，两歧；花萼外面被柔毛；花冠白色，裂片长圆状披针形；副花冠二形，杯状，上端裂成 10 个丝状体，分为两轮，外轮约与花冠裂片等长，内轮略短；花柱头略为突起，顶端 2 裂。④蓇葖双生或仅有 1 个发育，细圆柱状，向端部渐尖；种子长圆形；种毛白色绢质。

花期 6~8 月，果期 8~10 月。

药用价值：茎中的白色浆乳汁及根入药，药材名为鹅绒藤，"清热解毒，消积健胃，利水消肿，用于小儿食积，疳积，胃炎，十二指肠溃疡，肾炎水肿及寻常疣。"（《中华本草》）

位置：各校区灌丛中散生。

鹅绒藤是一种很常见的野草，多在灌木丛中生长，别看其茎细花小，看起来弱不禁风的样子，但其生长繁殖能力特别强。作为一种藤蔓植物，其能附着攀爬，挤占被缠绕植物生存空间，很是"凶残"。不过，鹅绒藤有很高的药用价值，茎叶掐断后，会有白色的乳汁流出，可用来治疗疣赘（刺瘊子），将白色乳汁在患处涂抹数次，疣赘层层自行脱落。

（曲勇晓）

jī shǐ téng

鸡矢藤 （《植物名实图考》）

茜草科鸡矢藤属

牛皮冻（《植物名实图考》），女青、主屎藤（《质问本草》），鸡屎藤、皆治藤、臭藤根（《本草纲目拾遗》），却节（《李氏草秘》），臭藤（《天宝本草》），解暑藤、苦藤、玉明砂（福建）

***Paederia scandens* (Lour.) Merr.**

特征：①藤本，无毛或近无毛。②叶对生，纸质或近革质，卵形、卵状长圆形至披针形，顶端急尖或渐尖，基部楔形或近圆或截平，有时浅心形，两面无毛或近无毛，有时下面脉腋内有束毛。③圆锥花序式的聚伞花序腋生和顶生，扩展，分枝对生，末次分枝上着生的花常呈蝎尾状排列；萼管陀螺形，萼檐裂片 5 片，裂片三角形，花冠浅紫色，外面被粉末状柔毛，里面被绒毛，顶部 5 裂。④果球形，成熟时近黄色，有光泽，平滑，顶冠以宿存的萼檐裂片和花盘；小坚果无翅，浅黑色。

花期 5~7 月。

药用价值：全草或根入药，药材名为鸡屎藤，"祛暑利湿，消积，解毒，主治中暑，风湿痹痛，食积，小儿疳积，痢疾，黄疸，肝脾肿大，瘰疬，肠痈，脚气，烫伤，湿疹，皮炎，跌打损伤，蛇咬蝎螫。"果实入药，药材名为鸡屎藤果，"解毒生肌，主治毒虫螫伤，冻疮。"（《中药大辞典》）

位置：趵突泉校区草丛中散生，以教学八楼（趵 A20）周边为多。

　　鸡矢藤，又名鸡屎藤、臭藤，《本草纲目拾遗》记载："搓其叶嗅之，有臭气，未知其正名何物，人因其臭，故名为臭藤。"该植物有着丰富的食用药用价值，很多地方以之为食材，用来煲汤，据说臭味消除，反而有淡淡草药香，回味无穷。

（曲勇晓）

dǎ wǎn huā
打碗花

旋花科打碗花属

燕覆子（《植物名实图考》），蒲（铺）地参、盘肠参（《滇南本草》），兔耳草、富苗秧、傅斯劳草、扶秧、走丝牡丹（江苏），面根藤、钩耳藤、喇叭花、狗耳丸、狗耳苗（四川），小旋花（江苏、陕西），狗儿秧（陕西），扶子苗（山东）

Calystegia hederacea **Wall. ex. Roxb.**

特征：①一年生草本，全体不被毛，植株通常矮小，常自基部分枝，具细长白色的根。②茎细，平卧，有细棱。基部叶片长圆形，顶端圆，基部戟形，上部叶片3裂，中裂片长圆形或长圆状披针形，侧裂片近三角形，全缘或2~3裂，叶片基部心形或戟形；③花腋生，花梗长于叶柄，有细棱；苞片宽卵形；萼片长圆形，顶端钝，具小短尖头；花冠淡紫色或淡红色，钟状，冠檐近截形或微裂；雄蕊近等长，花丝基部扩大，贴生花冠管基部；子房无毛，柱头2裂。④蒴果卵球形，宿存萼片与之近等长或稍短。种子黑褐色，表面有小疣。

花期7~9月，果期8~10月。

药用价值：全草入药，药材名为面根藤，"健脾，利湿，调经，主治脾胃虚弱，消化不良，小儿吐乳，疳积，五淋，带下，月经不调。"（《中药大辞典》）

位置：趵突泉校区、兴隆山校区草丛中散生。

　　打碗花随处可见，民间习惯叫它喇叭花，传说摘了这种花就会打破碗。打碗花的花语
为恩赐，相传它是具有驱邪效果的花卉，但它的花期只在6月到7月。为了留住打碗花的
驱邪保佑作用，人们把它刻在一些建筑上，这样一整年就都能受到它的保佑了。

（曹冰）

tián xuán huā

田旋花

旋花科旋花属

中国旋花、箭叶旋花（《中国高等植物图鉴》），扶田秧、扶秧苗（江苏），白花藤、面根藤（四川），三齿草藤（甘肃），小旋花（四川、甘肃），燕子草（山东），田福花（新疆）

Convolvulus arvensis L.

特征：①多年生草本，根状茎横走。茎平卧或缠绕，有条纹及棱角，无毛或上部被疏柔毛。②叶卵状长圆形至披针形，先端钝或具小短尖头，基部大多戟形，或箭形及心形，叶柄较叶片短；叶脉羽状，基部掌状。③花序腋生，花柄比花萼长得多，花冠宽漏斗形，白色或粉红色，或白色具粉红或红色的瓣中带，或粉红色具红色或白色的瓣中带。④蒴果卵状球形，或圆锥形，无毛。种子卵圆形，无毛，暗褐色或黑色。

花期6~8月，果期7~9月。

药用价值：全草或花入药，药材名为田旋花，"祛风，止痛，止痒，主治风湿痹痛，牙痛，神经性皮炎。"（《中药大辞典》）

位置：趵突泉校区、千佛山校区、兴隆山校区草丛中散生。

田旋花纯净而朴素，简单却热烈，平凡却
动人。它的花朵中间有一个白色的五角星，和
花瓣外围粉色的五角形状相映成趣。它的花语
是恩赐，和打碗花一样。在外形上，打碗花苞
片大，花萼包藏在两片大苞片内；田旋花花萼
不被苞片所包藏，苞片小，远离花萼。

（曹冰、赵宇）

yuán yè qiān niú
圆叶牵牛 （《中国高等植物图鉴》）

旋花科牵牛属

牵牛花、喇叭花（各地通称），连簪簪（四川）

打碗花（山西），紫花牵牛（广州）

Pharbitis purpurea (L.) Voisgt

特征：①一年生缠绕草本。②叶互生，叶片圆心形或宽卵状心形，通常全缘。③花腋生；萼片近等长，外面3片长椭圆形，渐尖，内面2片线状披针形，外面均被开展的硬毛；花冠漏斗状，紫红色、红色、淡蓝色或白色，花冠管通常白色；雄蕊与花柱内藏；雄蕊不等长；子房无毛，3室，每室2胚珠，柱头头状；花盘环状。④蒴果近球形，3瓣裂。

花期6~9月，果期9~10月。

药用价值：干燥成熟种子入药，药材名为牵牛子，"泻水通便，消痰涤饮，杀虫攻积，用于水肿胀满，二便不通，痰饮积聚，气逆喘咳，虫积腹痛。"（《中国药典》）

位置：趵突泉校区、千佛山校区、兴隆山校区草丛中散生。

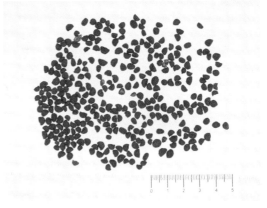

药材图——牵牛子

青青柔蔓绕修篁，刷翠成花著处芳。

应是折从河鼓手，天孙斜插鬓云香。

——宋·危稹《牵牛花》

hòu è líng xiāo

厚萼凌霄（广西）

紫葳科凌霄属

美国凌霄、美洲凌霄（《中国树木分类学》），杜凌霄（江苏、湖南）

***Campsis radicans* (L.) Seem.**

特征： ①藤本，具气生根。②小叶 9~11 枚，椭圆形至卵状椭圆形，顶端尾状渐尖，基部楔形，边缘具齿，上面深绿色，下面淡绿色，被毛。③花萼钟状，5 浅裂至萼筒的 1/3 处，裂片齿卵状三角形，外向微卷，无凸起的纵肋。花冠筒细长，漏斗状，橙红色至鲜红色，筒部为花萼长的 3 倍，6~9 厘米，直径约 4 厘米。④蒴果长圆柱形，顶端具喙尖，沿缝线具龙骨状突起，具柄，硬壳质。

花期 6~9 月，果期 10 月。

药用价值： 花入药，药材名为凌霄花，"活血通经，凉血祛风，用于月经不调，经闭癥瘕，产后乳肿，风疹发红，皮肤瘙痒，痤疮。"（《中国药典》）

位置： 趵突泉校区教学八楼（趵 A20）东北侧，兴隆山校区欣园餐厅（A7）南侧花园。

　　凌霄野生，蔓才数尺，得木而上，即高数丈，年久者藤大如杯。春初生枝，一枝数叶，尖长有齿，深青色。自夏至秋开花，一枝十余朵，大如牵牛花，而头开五瓣，赭黄色，有细点，秋深更赤。八月结荚如豆荚，长三寸许，其子轻薄如榆仁、马兜铃仁。其根长亦如兜铃根状。

——明·李时珍《本草纲目》

rěn dōng

忍 冬 （《名医别录》）

忍冬科忍冬属

金银花（《本草纲目》），金银藤（江西铅山、云南楚雄），银藤（浙江临海、江苏），二色花藤（上海），二宝藤、右转藤（四川），子风藤（浙江丽水），蜜桶藤（江西铅山），鸳鸯藤（福建），老翁须（《常用中草药图谱》）

***Lonicera japonica* Thunb.**

特征：①半常绿木质藤本，幼枝密生柔毛。②叶对生，有柄，具短柔毛，叶片卵形、长卵形或椭圆形。③花成对腋生；苞片2片，叶状；花萼短，5裂；花冠筒状，先端二唇形，初开时白色，后转黄色，故称"金银花"；雄蕊4枚；雌蕊1枚，伸出花冠外。④浆果球形。
花期5~8月，果期10~11月。

药用价值：花蕾入药，药材名为金银花，"清热解毒，疏散风热，用于痈肿疔疮，喉痹，丹毒，热毒血痢，风热感冒，温病发热。"茎枝入药，药材名忍冬藤，"清热解毒，疏风通络，用于温病发热，热毒血痢，痈肿疮疡，风湿热痹，关节红肿热痛。"（《中国药典》）
果实入药，药材名为金银花子，"清血，化湿热，治肠风，赤痢。"（《中华本草》）

位置：趵突泉校区药圃（趵D13）。

药材图——金银花

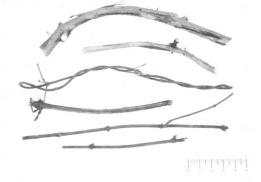

药材图——忍冬藤

　　忍冬的蓓蕾初放，成对腋生，初开时为白色，两三天后变为金黄色，此时登山观望，漫山遍野黄白相间，如金似银，然是好看。若上去闻一闻，则芳香的气味沁入心脾，令人陶醉。金银花亦可在家庭栽培，是著名的庭院花卉，花叶俱美，常绿不凋，若同时再配置一些色彩鲜艳的花卉，则浓妆淡抹，相得益彰，别具一番情趣。

（叶邓辉）

huī zhān máo rěn dōng

灰毡毛忍冬

忍冬科忍冬属

拟大花忍冬（《中国高等植物图鉴》），大金银花（湖南新宁），左转藤（江西遂川）

***Lonicera macranthoides* Hand.-Mazz.**

特征： ①藤本，幼枝或其顶梢及总花梗有薄绒状短糙伏毛，有时兼具微腺毛，后变栗褐色有光泽而近无毛。②叶革质，卵形、卵状披针形、矩圆形至宽披针形，顶端尖或渐尖，基部圆形、微心形或渐狭，上面无毛，下面被由短糙毛组成的灰白色或有时带灰黄色毡毛。③花有香味，双花常密集于小枝梢成圆锥状花序；萼筒常有蓝白色粉，萼齿三角形，比萼筒稍短；花冠白色，后变黄色，外被倒短糙伏毛及桔黄色腺毛，唇形，筒纤细，上唇裂片卵形，基部具耳，两侧裂片裂隙深达1/2，中裂片长为侧裂片之半，下唇条状倒披针形，反卷；雄蕊生于花冠筒顶端，连同花柱均伸出而无毛。④果实黑色，常有蓝白色粉，圆形。

花期6月中旬至7月上旬，果熟期10~11月。

药用价值： 花蕾或带初开的花入药，药材名为山银花，"清热解毒，疏散风热，用于痈肿疔疮，喉痹，丹毒，热毒血痢，风热感冒，温病发热。"（《中国药典》）

位置： 趵突泉校区药圃（趵D13）。

金银花与山银花的形态区别如下：（1）气味：金银花气味清香，而山银花气味相对沉着。（2）大小：金银花的花朵比山银花大出一些，花蕾相对来说也饱满一点。（3）颜色：山银花比金银花的颜色深，其色墨绿，还可带着紫色。（4）花蕾：金银花花蕾绒毛比较多，用手摸着发软但富有弹性，而山银花花蕾手感就比较硬，花蕊上绒毛很少。

（曹冰、赵宇）

shǔ yù
薯蓣

薯蓣科薯蓣属

野山豆（江苏），野脚板薯（湖南），面山药（甘肃），淮山（贵州）

***Dioscorea opposita* Thunb.**

特征：①缠绕草质藤本。块茎长圆柱形，垂直生长，长可达1米多，断面干时白色。茎通常带紫红色，右旋，无毛。②单叶，在茎下部的互生；幼苗时一般叶片为宽卵形或卵圆形，基部深心形。叶腋内常有珠芽。③雌雄异株。雄花序为穗状花序，偶而呈圆锥状排列；花序轴明显地呈"之"字状曲折；苞片和花被片有紫褐色斑点。④蒴果不反折，三棱状扁圆形或三棱状圆形，种子着生于每室中轴中部，四周有膜质翅。

花期6~9月，果期7~11月。

药用价值：根茎入药，药材名为山药，"补脾养胃，生津益肺，补肾涩精，用于脾虚食少，久泻不止，肺虚喘咳，肾虚遗精，带下，尿频，虚热消渴。麸炒山药，补脾健胃，用于脾虚食少，泄泻便溏，白带过多。"（《中国药典》）

位置：趵突泉校区药圃（趵D13），千佛山校区主楼（千A12）南-西侧花园。

　　山药，能健脾补虚，滋精固肾，治诸虚百损，疗五劳七伤。第其气轻性缓，非堪专任，故补脾肺必主参、术，补肾水必君茱、地，涩带浊须破故同研，固遗泄仗菟丝相济。诸凡固本丸药，亦宜捣末为糊。总之性味柔弱，但可用力佐使。

——明·张介宾《本草正》

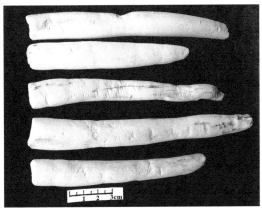

药材图——山药

●芳草萋萋●

chǐ guǒ suān mó
齿果酸模（《中国北部植物图志》）

蓼科酸模属

牛舌草、羊蹄、齿果羊蹄（《中国种子植物分类学》），羊蹄大黄（《云南药用植物名录》），土大黄（江苏、云南、贵州），牛舌棵子、野甜菜、土王根、牛舌头棵（江苏），牛耳大黄（四川）

Rumex dentatus L.

特征：①一年生草本，茎直立，自基部分枝，枝斜上，具浅沟槽。②茎下部叶长圆形或长椭圆形，顶端圆钝或急尖，基部圆形或近心形，边缘浅波状，茎生叶较小。③花序总状，顶生和腋生，具叶由数个再组成圆锥状花序，长达 35 厘米，多花，轮状排列，花轮间断；花梗中下部具关节；外花被片椭圆形；内花被片果时增大，三角状卵形，顶端急尖，基部近圆形，网纹明显，全部具小瘤，边缘每侧具 2~4 个刺状齿。④瘦果卵形，具 3 锐棱，两端尖，黄褐色，有光泽。

花期 5~6 月，果期 6~7 月。

药用价值：叶入药，药材名为牛舌草，"清热解毒，杀虫止痒，主治乳痈，疮疡肿毒，疥癣。"（《中华本草》）

位置：千佛山校区附属中学（千 A13）东侧。

齿果酸模与酸模形态相似，容易混淆，齿果酸模内轮花被片边缘有针刺状齿，而酸模内轮花被片全缘；酸模叶基部箭形，花单性，雌雄异株，而齿果酸模叶基部圆形，花两性。

（曹冰、赵宇）

zǐ mò lì
紫茉莉 （《草花谱》）

紫茉莉科紫茉莉属

胭脂花（《草花谱》），粉豆花（《植物名实图考》），丁香叶、苦丁香、野丁香（《滇南本草》），夜饭花（上海），状元花（陕西）

***Mirabilis jalapa* L.**

特征：①一年生草本，根圆锥形，深褐色。茎多分枝，节处膨大。②叶片卵形，先端渐尖，基部楔形，边缘微波状。③花3~6朵簇生枝端，晨、夕开放而午收，有红、黄、白各色。④果实球形，熟时成黑色，有棱；胚乳白色，粉质。

花期7~9月；果期8~10月。

药用价值：根入药，药材名为紫茉莉根，"清热利湿，解毒活血，主治热淋，白浊，水肿，赤白带下，关节肿痛，痈疮肿毒，乳痈，跌打损伤。"叶入药，药材名为紫茉莉叶，"清热解毒，祛风渗湿，活血，主治痈肿疮毒，疥癣，跌打损伤。"（《中华本草》）

位置：趵突泉校区教学七楼（趵A22）南侧，千佛山校区舜园餐厅（千A6）南门。

　　紫茉莉的花语是等待纯洁的友谊，因为紫茉莉的颜色是那样的高贵而典雅，透露着一股优雅的气质在里面。这是一种爱情之花，送给自己喜欢的人，可以互相表达对彼此的情意。

（岳家楠）

shí zhú
石 竹 （《群芳谱》）

石竹科石竹属

***Dianthus chinensis* L.**

特征：①多年生草本。②叶对生，线状披针形或线形，先端渐尖，全缘或有微细锯齿，基部狭成短鞘状，围抱节上。③花单生或数朵簇生成聚伞花序；苞片4~6枚，叶状，展开，广卵形，先端长尖，长约萼筒之半；花萼圆筒形，先端5裂；花瓣5片，红色或淡红色，边缘浅裂成锯齿状；雄蕊10枚；雌蕊1枚，子房1室，花柱2枚。④蒴果包于宿存的萼筒内，先端4裂。

花期6~9月，果期8~10月。

药用价值：全草入药，药材名为瞿麦，"利尿通淋，活血通经，用于热淋，血淋，石淋，小便不通，淋沥涩痛，经闭瘀阻。"（《中国药典》）

位置：趵突泉校区幼儿园（趵A13）、药圃（趵D13），兴隆山校区欣园餐厅（兴A7）东侧小树林。

瞿麦，性滑利，能通小便，降阴火，除五淋，利血脉。兼凉药亦消眼目肿痛；兼血药则能通经破血下胎。凡下焦湿热疼痛诸病，皆可用之。

——明·张介宾《本草正》

jī guān huā
鸡冠花

苋科青葙属

鸡髻花、鸡公花、鸡角枪（福建），鸡冠头（《全国中草药汇编》），

鸡骨子花、老来少（《新华本草纲要》）

Celosia cristata L.

特征：①一年生草本，全株无毛，茎粗壮，绿色。②单叶互生，卵形或卵状披针形，先端渐尖，全缘，基部渐狭成柄。③穗状花序，多变异，生于茎顶或分枝末端，通常扁平成鸡冠状；花密生，花被干膜质，紫色、红色、淡红色或黄色。④胞果卵形，熟时盖裂，包裹在宿存花被内。

花期 7~9 月，果期 9~10 月。

药用价值：花序入药，药材名为鸡冠花，"收敛止血，止带，止痢，用于吐血，崩漏，便血，痔血，赤白带下，久痢不止。"（《中国药典》）

种子入药，药材名为鸡冠子，"凉血止血，清肝明目，主治便血，崩漏，赤白痢，目赤肿痛。"茎叶或全草入药，药材名为鸡冠苗，"清热凉血，解毒，主治吐血，衄血，妇人阴疮，崩漏，痔疮，痢疾，荨麻疹。"（《中药大辞典》）

位置：各校区花坛常见。

药材图——鸡冠花

　　鸡冠处处有之。三月生苗……其叶青柔，颇似白苋菜而窄，梢有赤脉……六、七月梢间
开花，有红、白、黄三色。其穗圆长而尖者，俨如青葙之穗；扁卷而平者，俨如雄鸡之冠。

——明·李时珍《本草纲目》

shǎo yào

芍药（《神农本草经》）

毛茛科芍药属

***Paeonia lactiflora* Pall.**

特征：①多年生草本，根粗壮，分枝黑褐色。②下部茎生叶为二回三出复叶，上部茎生叶为三出复叶；小叶狭卵形，椭圆形或披针形，顶端渐尖，基部楔形或偏斜，边缘具白色骨质细齿，两面无毛，背面沿叶脉疏生短柔毛。③花数朵，生茎顶和叶腋，有时仅顶端一朵开放，而近顶端叶腋处有发育不好的花芽，苞片披针形，大小不等；萼片宽卵形或近圆形；花瓣倒卵形，白色，有时基部具深紫色斑块；花丝黄色；花盘浅杯状，包裹心皮基部，顶端裂片钝圆；无毛。④蓇葖顶端具喙。
花期5~6月，果期8月。

药用价值：根入药，药材名为赤芍，"清热凉血，散瘀止痛，用于热入营血，温毒发斑，吐血衄血，目赤肿痛，肝郁胁痛，经闭痛经，癥瘕腹痛，跌扑损伤，痈肿疮疡。"煮后除去外皮的根入药，药材名为白芍，"养血调经，敛阴止汗，柔肝止痛，平抑肝阳，用于血虚萎黄，月经不调，自汗，盗汗，胁痛，腹痛，四肢挛痛，头痛眩晕。"（《中国药典》）

位置：趵突泉校区幼儿园（趵 A13）、药圃（趵 D13），千佛山校区主楼（千 A12）南 - 西侧花园。

芍药花大而荣，得春气为盛，而居百花之殿，故能收拾肝气，使归根反本，不至以有余肆暴，犯肺伤脾，乃养肝之圣药也。

——清·徐大椿《神农本草经百种录》

药材图——赤芍

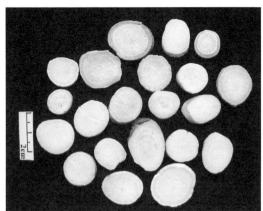

药材图——白芍

bái qū cài

白 屈 菜 （《救荒本草》）

罂粟科白屈菜属

八步紧、断肠草、山黄连、山西瓜（辽宁），土黄连、假黄连（东北）、
地黄连、牛金花（《植物名汇》），雄黄草、小野人血草（陕西）

Chelidonium majus L.

特征：①多年生草本，主根粗壮，圆锥形，侧根多，暗褐色。②茎聚伞状多分枝，分枝常被短柔毛。③叶片倒卵状长圆形或宽倒卵形，羽状全裂，裂片倒卵状长圆形，具不规则的深裂或浅裂，裂片边缘圆齿状，表面绿色，无毛，背面具白粉，疏被短柔毛。④伞形花序多花；花梗纤细；苞片小，卵形。萼片卵圆形，舟状，无毛或疏生柔毛，早落；花瓣倒卵形，全缘，黄色，花丝丝状，黄色，花药长圆形；子房线形，绿色，无毛。⑤蒴果狭圆柱形，种子卵形，暗褐色，具光泽及蜂窝状小格。

花果期 4~9 月。

药用价值：全草入药，药材名为白屈菜，"解痉止痛，止咳平喘，用于胃脘挛痛，咳嗽气喘，百日咳。"（《中国药典》）

位置：趵突泉校区药圃（趵 D13）、药学科研楼（趵 A8）周围散生。

白屈菜，生田野中，苗高一二尺，初作丛生，茎叶皆青白色，茎有毛刺，梢头分叉，
上开四瓣黄花，叶颇似山芥菜叶，而花叉极大，又似漏芦叶而色淡。

——明·朱橚《救荒本草》

zhū gě cài
诸葛菜（《种子植物名录》）

十字花科诸葛菜属
二月蓝（北京）

***Orychophragmus violaceus* (L.) O. E. Schulz**

特征：①一年或二年生草本，无毛；茎单一，直立，基部或上部稍有分枝，浅绿色或带紫色。②基生叶及下部茎生叶大头羽状全裂，顶裂片近圆形或短卵形，顶端钝，基部心形，有钝齿，侧裂片 2~6 对，卵形或三角状卵形，越向下越小，偶在叶轴上杂有极小裂片，全缘或有牙齿，叶柄疏生细柔毛；上部叶长圆形或窄卵形，顶端急尖，基部耳状，抱茎，边缘有不整齐牙齿。③花紫色、浅红色或褪成白色；花萼筒状，紫色；花瓣宽倒卵形，密生细脉纹，爪长 3~6 毫米。④长角果线形。具 4 棱，裂瓣有 1 凸出中脊。种子卵形至长圆形，长约 2 毫米，稍扁平，黑棕色，有纵条纹。

花期 4~5 月，果期 5~6 月。

药用价值：全草入药，药材名为诸葛菜，"利水消肿，泻肺平喘，下气消食。"（《山东药用植物志》）

位置：趵突泉校区教学八楼（趵 A20）东北角及各校区花坛。

　　传说诸葛亮身为军师中郎将，既要安抚民心，又要筹备足够的军粮，这让他大伤脑筋。一天，诸葛亮前往荆州城外考察民情，见到了一位老农正在地里收割一种菜，得知这种菜浑身都是宝，叶子和茎都能吃，吃剩下的可制成腌菜，青黄不接时，这菜可成为当家菜。诸葛亮便下令士兵开荒屯田，学习种这种菜，一方面补充军粮，另一方面又可用作军马等的饲料，经济实惠，一举两得。后世就把这种菜称为诸葛菜。

（岳家楠）

juàn máo pú fú wěi líng cài

绢毛匍匐委陵菜 （《秦岭植物志》）

蔷薇科委陵菜属

五爪龙、绢毛细蔓萎陵菜（《秦岭植物志》），金金棒、金棒锤（陕西），
结根草莓（《植物学大辞典》）

Potentilla reptans L. var. *sericophylla* Franch.

特征：①多年生匍匐草本，根多分枝，常具纺锤状块根。节上生不定根，被稀疏柔毛或脱落几无毛。②叶为三出掌状复叶，边缘两个小叶浅裂至深裂，有时混生有不裂者，小叶下面及叶柄伏生绢状柔毛，稀脱落被稀疏柔毛。③单花自叶腋生或与叶对生，花梗被疏柔毛；花直径1.5~2.2厘米；萼片卵状披针形，顶端急尖，副萼片长椭圆形或椭圆披针形，顶端急尖或圆钝，与萼片近等长，外面被疏柔毛，果时显著增大；花瓣黄色，宽倒卵形，顶端显著下凹，比萼片稍长；花柱近顶生，基部细，柱头扩大。④瘦果黄褐色，卵球形，外面被显著点纹。

花果期4~9月。

药用价值：块根入药，药材名为金金棒，"滋阴除热，生津止渴，主治虚劳发热，虚喘，热病伤津，口渴咽干，妇女带浊。"全草入药，药材名为匍匐委陵菜，"发表，止咳，止血，解毒，主治外感风热，咳嗽，崩漏，疮疖。"（《中华本草》）

位置：趵突泉校区草坪中散生。

　　绢毛匍匐委陵菜常生长于溪边灌丛中、山坡草地、渠旁以及林边。在公园里会常看到它的身影，绢匍围绕在大树的基部呈圆形分布，黄色的小花被细长的花梗举在空中，有风吹过便摇头晃脑，十分可爱，为严肃的城市增添了一丝野趣。

（邢雅馨）

bái chē zhóu cǎo

白 车 轴 草 （《重要牧草栽培》）

豆科车轴草属

三消草、螃蟹花（《贵州民间药物》），金花草、菽草翘摇（《中国高等植物图鉴》），白三叶（《长白山植物药志》），兰翘摇（《新华本草纲要》）

***Trifolium repens* L.**

特征：①多年生草本，茎匍匐，无毛。②掌状复叶有3小叶；小叶倒卵形，边缘有细齿，托叶甚小，卵状披针形，先端尖，基部抱茎。③花序头状，有长总花梗，高出于叶；从匍匐根状茎节上生出；萼筒状，萼齿三角形，较萼筒短；花冠白色。④荚果倒卵状椭圆形，有2~4种子；种子细小，近圆形，黄褐色。

花期5~6月；果期8~9月。

药用价值：全草入药，药材名为三消草，"清热凉血，安心宁神，主治癫痫，痔疮出血，硬结肿块。"（《中药大辞典》）

位置：趵突泉校区药圃（趵D13），千佛山校区、兴隆山校区草丛中散生。

　　白车轴草这个名字虽然听起来有些陌生，但你一定在路边见过这种头顶小白花，身穿三叶裙的小草。它的每片小叶都挂着一环月牙般的白色波纹，就像对你施展了一个小魔法，让你内心的剧烈波动慢慢变成阵阵涟漪。实际上，白车轴草在七月到九月的花盛期采收后晒干就是安心宁神的中药材三消草。

（曹冰）

cù jiāng cǎo

酢浆草（《新修本草》）

酢浆草科酢浆草属

酸箕（《药录》），酸母草、鸠酸草（《新修本草》），酸浆、赤孙施《本草图经》），酸迷迷草（《本草纲目拾遗》），酸啾啾、田字草（《百一选方》），三叶酸、三角酸、雀儿酸（《本草纲目》），酸味草（广州），酸醋酱（河南）

***Oxalis corniculata* L.**

特征：①低矮草本，全株被柔毛，根茎稍肥厚，茎细弱，多分枝，直立或匍匐，匍匐茎节上生根。②叶基生或茎上互生；小叶3片，无柄，倒心形，先端凹入，基部宽楔形，两面被柔毛或表面无毛。③花单生或数朵集为伞形花序状，腋生，总花梗与叶近等长；萼片5片，宿存；花瓣5片，黄色，长圆状倒卵形；雄蕊10枚，花丝白色半透明，有时被疏短柔毛，基部合生，长、短互间；子房长圆形，被短伏毛，花柱5条。④蒴果长圆柱形，5棱。种子长卵形，褐色或红棕色，具横向肋状网纹。

花、果期2~9月。

药用价值：全草入药，药材名为酢浆草，"清热利湿，凉血散瘀，解毒消肿，主治湿热泄泻，痢疾，黄疸，淋证，带下，吐血，衄血，尿血，月经不调，跌打损伤，咽喉肿痛，痈肿疔疮，丹毒，湿疹，疥癣，痔疮，麻疹，烫火伤，蛇虫咬伤。"（《中药大辞典》）

位置：趵突泉校区、千佛山校区、兴隆山校区草丛中散生。

酢浆草，俗呼为酸浆。……南中下湿地及人家园圃中多有之，北地亦或有生者。叶如水萍，丛生，茎端有三叶，叶间生细黄花，实黑，夏月采叶用。初生嫩时小儿多食之。

——宋·苏颂《本草图经》

苗高一二寸，丛生布地，极易繁衍。一枝三叶，一叶两片，至晚自合帖，整整如一。四月开小黄花，结小角，长一二分，内有细子，冬亦不凋。

——明·李时珍《本草纲目》

hóng huā　cù jiāng cǎo

红 花 酢 浆 草　（《广州植物志》）

酢浆草科酢浆草属

大酸味草（广州），铜锤草、紫酢浆草（四川），南天七（湖北），
紫花酢浆草（台湾），多花酢浆草（西安），大老鸦酸、地发子（贵州），
大叶酢浆草（广西），三夹道（《新华本草纲要》），大威酸甜草、
水酸芝、一粒雪、隔夜合（福建）

Oxalis corymbosa DC.

特征： ①多年生直立草本，无地上茎，地下部分有球状鳞茎。②叶基
生，叶柄被毛；小叶3片，扁圆状倒心形，顶端凹入，两侧角圆形，
基部宽楔形，表面绿色，背面浅绿色。③总花梗基生，二歧聚伞花序，
通常排列成伞形花序式；花梗、苞片、萼片均被毛；花瓣5片，倒心
形，淡紫色至紫红色，基部颜色较深；雄蕊10枚，长的5枚超出花柱，
另5枚长至子房中部，花丝被长柔毛；花柱5条，被锈色长柔毛，柱
头浅2裂。

　　花、果期3~12月。

药用价值： 全草入药，药材名为铜锤草，"散瘀消肿，清热利湿，解
毒，主治跌打损伤，月经不调，咽喉肿痛，水泻，痢疾，水肿，白带，
淋浊，痔疮，痈肿疮疖，烧烫伤。"根入药，药材名为铜锤草根，"清
热，平肝，定惊。主治小儿肝热，惊风。"（《中华本草》）

位置： 趵突泉校区教学二楼（趵A9）北侧草坪，教学五楼（趵A30）
南侧草坪。

　　红花酢浆草因其叶大，味酸似醋，花红，聚生鳞茎形似钢锣之锤，故又有大酸味草、大老鸦酸、铜锤草之称。它是一种良好的景观植物，在园林中广泛种植，既可以布置于花坛、花境，又适于大片栽植作为地被植物和隙地丛植，还是盆栽的良好材料。该植物含有草酸，对金黄色葡萄球菌有抗菌作用，但对大肠杆菌则无效；据载此植物对牛羊有毒，牲畜食之，可得草酸综合征（Oxalis syndrome），主要表现为血中非蛋白氮水平异常增高，肾脏也有病变。

药材图——地锦草

bān dì jīn
斑地锦 (《湖北植物志》)

大戟科大戟属

血筋草 (《浙江天目山药植志》)

***Euphorbia maculata* L.**

特征： ①一年生匍匐小草本，有白色乳汁，全株有白色细柔毛。茎纤细，近基部多分枝，绿紫色。②叶对生，长圆形，叶面绿色，中部常具有一个长圆形的紫色斑点，叶背淡绿色或灰绿色，新鲜时可见紫色斑，干时不清楚，两面无毛；有短柄。③杯状聚伞花序单生于叶腋及枝顶；总苞倒圆锥形，先端 4~5 裂，裂片间有腺体 4 个，长圆形，有白色花瓣状附属物；总苞内有 4~5 雄花及 1 雌花；子房有长柄，3 室，花柱 3 条，柱头 2 裂。④蒴果三角状卵形，被稀疏柔毛，成熟时易分裂为 3 个分果爿；种子卵状四棱形，灰色或灰棕色，每个棱面具 5 个横沟，无种阜。

花果期 4~9 月。

药用价值： 全草入药，药材名为地锦草，"清热解毒，凉血止血，利湿退黄，用于痢疾，泄泻，咯血，尿血，便血，崩漏，疮疖痈肿，湿热黄疸。"(《中国药典》)

位置： 趵突泉校区、千佛山校区、兴隆山校区路边散生。

小虫儿卧单，一名铁线草。生田野中。苗塌地生，叶似苜蓿叶而极小，又似鸡眼草叶，亦小。其茎色红。开小红花。

　　　　　　　　　　　　　　　　　　　　　　　——明·朱橚《救荒本草》

　　赤茎布地，故曰地锦。……田野寺院及阶砌间皆有之小草也。就地而生，赤茎，黄花，黑实……断茎有汁。

　　　　　　　　　　　　　　　　　　　　　　　——明·李时珍《本草纲目》

tiě xiàn cài
铁苋菜 （《种子植物名称》）

大戟科铁苋菜属

海蚌含珠（广东）， 蚌壳草（四川）

Acalypha australis L.

特征： ①一年生草本，小枝细长，被贴毛柔毛，毛逐渐稀疏。②叶膜质，长卵形、近菱状卵形或阔披针形，顶端短渐尖，基部楔形，边缘具圆锯齿。③雌雄花同序，花序腋生，雌花苞片卵状心形，花后增大，边缘具三角形齿，苞腋具雌花1~3朵。雄花生于花序上部，排列呈穗状或头状。④蒴果具3个分果爿，果皮具疏生毛和毛基变厚的小瘤体；种子近卵状，种皮平滑，假种阜细长。

花果期4~12月。

药用价值： 全草入药，药材名为铁苋，"清热利湿，凉血解毒，消积，主治痢疾，泄泻，吐血，衄血，尿血，崩漏，小儿疳积，痈疖疮疡，皮肤湿疹。"（《中药大辞典》）

位置： 趵突泉校区药圃（趵D13），兴隆山校区学生公寓区（兴A11）。

　　人苋，盖苋之通称。北地以色青黑而茎硬者当之，一名铁苋。叶极粗涩，不中食，为刀创要药。其花有两片，承一、二圆蒂，渐出小茎，结子甚细，江西俗呼海蚌含珠，又曰撮斗撮金珠，皆肖其形。

——清·吴其濬《植物名实图考》

药材图——铁苋

shǔ kuí

蜀葵（《尔雅》）

锦葵科蜀葵属

淑气、蜀季、舌其、暑气、蜀芪、树茄（通称），一丈红（陕西、贵州），麻杆花（河南），斗蓬花（陕西），棋盘花（四川、贵州），栽秧花（贵州）

***Althaea rosea* (Linn.) Cavan.**

特征： ①多年生直立草本，茎枝有密刚毛。②叶近圆心形，裂片三角形或圆形，上面疏生星状柔毛，粗糙，下面有星状长硬毛或绒毛。③花腋生、单生或近簇生，排成总状花序；有叶状苞片；副萼杯状，裂片卵状披针形，基部合生；萼钟状，裂片卵状三角形；花大，单瓣或重瓣，花瓣倒卵状三角形，先端凹缺，基部狭，爪上有长髯毛；雄蕊柱无毛，花药黄色；花柱分枝多数。④果盘状，有短柔毛，分果爿近圆形，有纵槽。

花果期6~9月。

药用价值： 根入药，药材名为蜀葵根，"清热利湿，凉血，解毒，主治淋证，带下，痢疾，吐血，血崩。"花入药，药材名为蜀葵花，"和血止血，通便，解毒，主治吐血，衄血，月经过多或不调。"茎叶入药，药材名为蜀葵苗，"清热利湿，解毒，主治热毒下痢，淋证，无名肿毒，水火烫伤，金疮。"种子入药，药材名为蜀葵子，"利水通淋，解毒排脓，主治水肿，淋证，带下，乳汁不通，疥疮，无名肿毒。"（《中药大辞典》）

位置： 趵突泉校区银杏路（趵B1）南首西侧花园，兴隆山校区教学楼群（兴A4）南侧。

　　蜀葵，处处人家植之，春初种子，冬月宿根亦自生。苗嫩时亦可茹食，叶似葵菜而大，亦似丝瓜叶，有歧叉，过小满后长茎高五六尺，花似木槿而大，有深红、浅红、紫黑、白色、单叶、千叶之异，昔人谓其疏茎密叶，翠蒂艳花，金粉檀心者，颇善状之。惟红、白二色入药，其实大如指头，皮薄而扁，内仁如马兜铃仁及芜荑仁，轻虚易种。

——明·李时珍《本草纲目》

zǐ huā dì dīng

紫花地丁 （《本草纲目》）

堇菜科堇菜属

辽堇菜（《中国植物图鉴》），野堇菜（东北），光瓣堇菜（《中国高等植物图鉴》）

***Viola philippica* Cav.**

特征：①多年生草本，无地上茎。②叶基生，叶片舌形、长圆形或圆状披针形，边缘具圆齿，被短毛，基部近心形；叶柄细长；托叶近一半与叶柄合生，分离部分呈披针形。③花萼5片，披针形或卵状披针形；花瓣4片，紫色或紫堇色，倒卵形或长圆形，下瓣具距；雄蕊5枚，花丝宽短，下面两枚的基部具蜜腺，伸入花瓣距内，花药聚合；子房无毛。④蒴果长圆形，无毛。种子多数，长圆形，棕黄色，光滑。

花期3~4月，果期4~9月。

药用价值：全草入药，药材名为紫花地丁，"清热解毒，凉血消肿，用于疔疮肿毒，痈疽发背，丹毒，毒蛇咬伤。"（《中国药典》）

位置：趵突泉校区教学四楼（趵A23）南侧草坪中散生。

  传说河川之神伊儿的美，连美神维纳斯都不禁为之侧目。两人经常在草原上玩乐谈天。有一次被宙斯之妻赫拉看到了，伊儿便匆忙地变成小牛躲了起来。宙斯为了让小牛吃草而创造了紫花地丁。由此可见，紫花地丁是因美而创造的，它的美超凡脱俗，让人流连忘返。

（岳家楠）

药材图——紫花地丁

xià zhì cǎo
夏至草

唇形科夏至草属

灯笼棵（江苏），夏枯草（《滇南本草》），白花夏枯、白花益母（云南）

***Lagopsis supina* (Steph.) Ik.-Gal.**

特征：①多年生草本，披散于地面或上升，具圆锥形的主根。②茎四棱形，具沟槽，带紫红色，密被微柔毛，常在基部分枝。③叶轮廓为圆形，先端圆形，基部心形，叶片两面均绿色，上面疏生微柔毛，下面沿脉上被长柔毛，余部具腺点，边缘具纤毛，脉掌状。④轮伞花序疏花，在枝条上部者较密集，在下部者较疏松，花冠白色，稀粉红色冠；花药卵圆形，花盘平顶。⑤小坚果长卵形，褐色，有鳞秕。

花期3~4月，果期5~6月。

药用价值：全草入药，药材名为夏至草，"养血活血，清热利湿，主治月经不调，产后瘀滞腹痛，血虚头昏，半身不遂，跌打损伤，水肿，小便不利，目赤肿痛，疮痈，冻疮，牙痛，皮疹瘙痒。"（《中药大辞典》）

位置：趵突泉校区中心花园（趵D7）路旁散生。

药材图——夏至草

余至滇南时已岁暮，满圃星星则白花益
母草也，土人皆呼为夏枯草，其别一种夏枯
草则曰麦穗夏枯。然白花益母高仅尺余，茎
叶俱瘦，至夏果枯……

——清·吴其濬《植物名实图考》

lóng kuí

龙葵 （《药性论》）

茄科茄属

野茄秧、小果果（云南），白花菜（广东），山辣椒（河北），野海椒、野伞子（四川），地泡子（湖南），飞天龙（江西），苦葵、老鸦眼睛草、天茄子（《本草图经》），水茄、天泡草、老鸦酸浆草（《本草纲目》），天天茄、救儿草、后红子（《滇南本草》），天泡果（《植物名实图考》）

***Solanum nigrum* L.**

特征： ①一年生草本，茎上部多分枝，单叶互生。②叶片卵圆形，边缘波状，基部楔形，下延至柄。③花序短蝎尾状或近伞状，腋外生，有 4~10 花，花萼杯状，绿色，5 裂，裂片卵圆形；花冠钟状，白色，冠檐 5 深裂，裂片卵状三角形；雄蕊 5 枚，花丝短，花药椭圆形，黄色；雌蕊 1 枚，子房球形，花柱下部密生柔毛，柱头圆形。④浆果圆形，深绿色，成熟时紫黑色。种子卵圆形。

花期 6~8 月，果期 7~10 月。

药用价值： 全草入药，药材名为龙葵，"清热解毒，活血消肿，主治疔疮，痈肿，丹毒，跌打扭伤，咳嗽，水肿。"种子入药，药材名为龙葵子，"清热解毒，化痰止咳，主治咽喉肿痛，疔疮，咳嗽痰喘。"根入药，药材名为龙葵根，"清热利湿，活血解毒，主治痢疾，淋浊，尿路结石，白带，牙痛，跌打损伤，痈疽肿毒。"（《中药大辞典》）

位置： 趵突泉校区、千佛山校区、兴隆山校区草丛中散生。

　　四月生苗，嫩时可食，柔滑，渐高二三尺，茎大如箸，似灯笼草而无毛。叶似茄叶而小。五月以后，开小白花，五出黄蕊。结子正圆，大如五味子，上有小蒂，数颗同缀，其味酸。中有细子，亦如茄子之子。但生青熟黑者为龙葵。

　　　　　　　　　　　　　　　　　　　　——明·李时珍《本草纲目》

dì huáng

地黄（《中国植物志》）

玄参科地黄属

生地、怀庆地黄（栽培），节（《尔雅》），地髓（《神农本草经》），芑（《名医别录》），牛奶子（《本草衍义》），婆婆奶（《救荒本草》），狗奶子（《植物名实图考》）

Rehmannia glutinosa (Gaetn.) Libosch. ex Fisch. et Mey.

特征： ①多年生草本，全株被长柔毛。根肥大块状。②茎直立。③基生叶长椭圆形或倒卵形，边缘有钝锯齿；茎生叶较基生叶小。④总状花序顶生；花萼钟状；花冠红紫色，筒状，稍呈二唇形；雄蕊4枚，2强；雌蕊1枚。⑤蒴果卵形，包于宿存萼筒内。

花期5~6月，果期6~7月。

药用价值： 块根入药，药材名为地黄。秋季采挖，除去芦头、须根及泥沙，鲜用，习称"鲜地黄"，"用于热病伤阴，舌绛烦渴，温毒发斑，吐血，衄血，咽喉肿痛。"将地黄缓缓烘焙至约八成干，习称"生地黄"，"用于热入营血，温毒发斑，吐血衄血，热病伤阴等。"用酒炖法或蒸法进一步炮制可得熟地黄，"用于血虚萎黄，心悸怔忡，月经不调，崩漏下血，肝肾阴虚等。"（《中国药典》）

位置： 栽培地黄在趵突泉校区药圃（趵Dl3），野生地黄在趵突泉校区、千佛山校区、兴隆山校区草丛中散生。

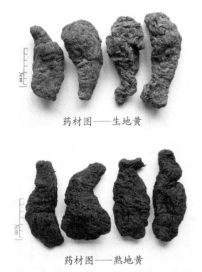

药材图——生地黄

药材图——熟地黄

　　苗初生塌地，叶如山白菜而毛涩，叶面深青色，又似小芥叶而颇厚，不叉丫，叶中撺茎，
上有细毛。茎梢开小筒子花，红黄色。结实如小麦粒，根长四五寸，细如手指，皮赤黄色，
如羊蹄根及葫萝卜根，曝干乃黑。

——明·李时珍《本草纲目》

chē qián

车 前 （《神农本草经》）

车前科车前属

茉苢（《诗经》），马舄（《毛诗传》），当道（《神农本草经》），
虾蟆衣（《尔雅》），牛遗、胜舄（《别录》），车轮菜、胜舄菜（《救
荒本草》），钱贯草（《生草药性备要》），猪耳草（青海），地胆头、
白贯草（《中国药用植物志》），蛤蟆草（福建）

Plantago asiatica L.

特征：①二年生或多年生草本，须根多数。②叶基生呈莲座状，平卧、
斜展或直立；叶片宽卵形至宽椭圆形，边缘波状、全缘或中部以下有
锯齿；脉5~7条。③花序3~10个，直立或弓曲上升；穗状花序细圆柱状，
下部常间断；花冠白色，无毛，冠筒与萼片约等长，裂片狭三角形，
具明显的中脉，于花后反折。雄蕊着生于冠筒内面近基部，与花柱明
显外伸，花药卵状椭圆形，顶端具宽三角形突起，白色，干后变淡褐色。
④蒴果纺锤状卵形、卵球形或圆锥状卵形，于基部上方周裂。种子卵
状椭圆形或椭圆形，具角，黑褐色至黑色，背腹面微隆起。

花期4~8月，果期6~9月。

药用价值：种子入药，药材名为车前子，"清热利尿通淋，渗湿止泻，
明目，祛痰，用于热淋涩痛，水肿胀满，暑湿泄泻，目赤肿痛，痰热
咳嗽。"全草入药，药材名为车前草，"清热利尿通淋，祛痰，凉血，
解毒，用于热淋涩痛，水肿尿少，暑湿泄泻，痰热咳嗽，吐血衄血，
痈肿疮毒。"（《中国药典》）

位置：趵突泉校区路旁散生，千佛山校区舜园餐厅（千A6）西门路旁。

　　车前子，生真定平泽丘陵道路中，今江湖、淮甸、近京、北地处处有之。春初生苗，叶布地如匙面，累年者长及尺余，如鼠尾。花甚细，青色微赤。结实如葶苈，赤黑色。五月五日采，阴干。今人五月采苗，七月、八月采实。人家园圃中或种之，蜀中尤尚。

　　　　　　　　　　　　　　　　　　——宋·苏颂《本草图经》

bào jīng xiǎo kǔ mǎi

抱茎小苦荬 （《全国中草药汇编》）

菊科小苦荬属

苦碟子，抱茎苦荬菜，苦荬菜，秋苦荬菜，盘尔草，鸭子食

***Ixeridium sonchifolium* (Maxim.) Shih**

特征： ①多年生草本，茎上部有分枝。②基生叶多数，花期宿存，倒匙形，基部下延成翼状柄，边缘有锯齿，或为不整齐的羽状浅裂至深裂；茎生叶较小，卵状椭圆形，基部扩大成耳状或戟形抱茎，全缘或有羽状分裂。③头状花序，小形，密集成伞房状，有细梗；总苞圆筒形；总苞片2层，外层通常5片，短小，卵形，内层8片，披针形，背部各有中肋1条；舌状花黄色，先端截形，有5齿。④瘦果黑褐色，纺锤形，有细纵肋及粒状小刺，喙短；冠毛白色，脱落。

花果期4~7月。

药用价值： 全草入药，药材名为苦碟子，"止痛，清热，解毒，消肿，主治头痛，牙痛，胃脘痛，手术后疼痛，跌打伤痛，肠痛，泄泻，肺脓肿，咽喉肿痛，痈肿疮疖。"（《中药大辞典》）

位置： 趵突泉校区、千佛山校区、兴隆山校区草丛中散生。

　　苦碟子的基生叶呈莲座状生长，贴着地皮像个菜碟，而且茎叶及根茎都很苦，故得名苦碟子。在农村，人们经常将苦碟子连根挖回家当野菜吃或者晒干后用来泡茶。

　　由于形态相似且都能长出黄色的花和白色的绒球（瘦果的冠毛），苦碟子与同属菊科的蒲公英容易被混淆，可以通过茎的形态、叶片形状、开花数量及大小等细节分辨。

（曹冰）

zhōng huá xiǎo kǔ mǎi

中 华 小 苦 荬

菊科小苦荬属

小苦苣，黄鼠草，山苦荬

Ixeridium chinense (Thunb.) Tzvel.

特征： ①多年生草本，根垂直直伸，通常不分枝。②茎直立单生或少数茎成簇生，上部伞房花序状分枝。③基生叶长椭圆形、倒披针形、线形或舌形，全缘、不分裂亦无锯齿或边缘有尖齿或凹齿，或羽状浅裂、半裂或深裂，侧裂片长三角形、线状三角形或线形，自中部向上或向下的侧裂片渐小，向基部的侧裂片常为锯齿状，有时为半圆形。茎生叶 2~4 枚，长披针形或长椭圆状披针形，不裂，边缘全缘，顶端渐狭，基部扩大，耳状抱茎或至少基部茎生叶的基部有明显的耳状抱茎；全部叶两面无毛。④头状花序通常在茎枝顶端排成伞房花序，含舌状小花 21~25 枚。总苞圆柱状，总苞片 3~4 层。舌状小花黄色，干时带红色。⑤瘦果褐色，长椭圆形，有 10 条高起的钝肋，肋上有上指的小刺毛，顶端急尖成细喙。冠毛白色，微糙。

花果期 1~10 月。

药用价值： 全草入药，药材名为败酱草，"清热解毒，活血排脓，主治肠痈，肺痈，痈肿，痢疾，肠炎，肝炎，结合膜炎，产后瘀滞腹痛。"（《中华本草》）

位置： 趵突泉校区、千佛山校区、兴隆山校区草丛中散生。

一圈又一圈的小花瓣绕着花蕊，像极了光芒四射的小太阳。它自然是喜欢在阳光充足的地方生长的，却也不畏惧寒冷。我们也要像这中华小苦荬一样，笑得像太阳一样灿烂。

（岳家楠）

药材图——小蓟

cì ér cài
刺儿菜（《本草纲目》）

菊科蓟属

小蓟（《名医别录》），猫蓟（《本草经集注》），小刺盖（《中药志》），青刺蓟、千针草（《本草图经》），刺蓟菜（《救荒本草》），青青菜、嫂嫂菜、枪刀菜（《衷中参西录》），刺角菜、木刺艾、刺杆菜、刺刺芽、刺杀草（江苏），小恶鸡婆、刺萝卜（四川），荠荠毛（山东），小蓟姆、牛戳刺、刺尖头草（上海）

***Cirsium setosum* (Willd.) MB.**

特征：①多年生直立草本。②叶互生，叶片椭圆形至椭圆状披针形，边缘不裂至齿裂，有刺，表面绿色，背面淡绿色，被白色柔毛，无柄。③头状花序顶生，花单性，雌雄异株；总苞钟状，苞片多层，先端长尖，有刺；花托平坦；管状花多数，淡紫色，先端5齿裂，雄花有雄蕊5枚，雌蕊不发育。④瘦果长椭圆形，先端有冠毛。

花期5~6月，果期7~8月。

药用价值：全草入药，药材名为小蓟，"凉血止血，散瘀解毒消痈，用于衄血，吐血，尿血，血淋，便血，崩漏，外伤出血，痈肿疮毒。"（《中国药典》）

位置：趵突泉校区药圃（趵D13），兴隆山校区草丛中散生。

　　小蓟根，《本经》不著所出州土，今处处有之。俗名青刺蓟，苗高尺余，叶多刺，心中出花，头如红蓝花而青紫色，北人呼为千针草。当二月苗初生二三寸时，并根作茹，食之甚美。四月采苗，九月采根，并阴干入药，亦生捣根绞汁饮，以止吐血、衄血、下血皆验。

　　　　　　　　　　——宋·苏颂《本草图经》

chuàn yè sōng xiāng cǎo

串叶松香草

菊科松香草属

串叶草、松香草、法国香槟草、菊花草

Silphium perfoliatum L.

特征： ①多年生草本植物，根系发达粗壮，支根多。②当年植株仅形成基生叶丛，翌年才形成直立茎。茎呈方形或菱形，幼嫩时有稀疏的白色刺毛，随植株生长变为光滑无毛。株高 2~3 米。③叶片宽大，长椭圆形，深绿色；叶面皱缩，叶缘有缺刻，叶面及叶缘有稀疏的刚毛，基生叶有柄，茎生叶无柄，对生，两叶基部相连，茎似从中穿过。④头状花序，舌状花黄色，似菊芋花序；⑤瘦果心形，扁平，褐色，边缘有薄翅。

花期 6~8 月。

用途： 串叶松香草生长速度快，能作为绿化植物；幼嫩时质脆多汁，有松香味，营养物质含量丰富，尤以粗蛋白质含量高，畜禽适口性好，很适合做饲料；串叶松香草所含的某些药用成分，对畜禽疾病有预防作用。串叶松香草花期长，盛花时金黄一片，有清香味，是良好的蜜源植物和观赏花卉。

位置： 千佛山校区舜园餐厅（千 A6）南门。

　　串叶松香草是一种十分优良的家禽家畜类牧草，经过较短时期饲喂习惯后，适口性良好，饲喂的增重效果理想。但由于串叶松香草有一定毒性，需要限量喂食。据测定，串叶松香草含有三萜类化合物，这类毒素主要损害猪的肝脏和肾脏，长期饲喂会造成积累性中毒。因此，应将饲喂量控制在日粮的 5%～10%，最好同其他青饲料搭配使用。

（曹冰）

dà lì huā
大丽花 （《中国植物名称》）

菊科大丽花属

天竺牡丹（《植物学大辞典》），大理花、大理菊、西番莲（《中药鉴别手册》），苕菊、洋芍药（广州）

Dahlia pinnata Cav.

特征：①多年生草本，有肥大块根。茎粗壮。②叶一至三回羽状全裂，上部叶有时不分裂，裂片卵形。③头状花序大，有长花序梗，常下垂；总苞片外层约 5 片，卵状椭圆形，叶质，内层膜质，椭圆状披针形；舌状花 1 层，白色，红色，先端有不明显的 3 齿；管状花黄色，有时在栽培种全部为舌状花。④瘦果长圆形，黑色，扁平，有 2 个不明显的齿。

　　花期 6~12 月；果期 9~10 月。

药用价值：块根入药，药材名为大理菊，"清热解毒，散瘀止痛，主治腮腺炎，龋齿疼痛，无名肿毒，跌打损伤。"（《中药大辞典》）

其他用途：原产墨西哥，是墨西哥的国花，已成为全世界栽培最广的观赏植物。约有 3000 个栽培品种。适于花坛、花境丛栽，另有矮生品种适于盆栽。根内含菊糖。

位置：趵突泉校区药圃（趵 D13）、别墅区（趵 D11）花园。

　　大丽花的花语是大吉大利、富贵、大方、健康长寿，因此适合送给长辈。但大丽花在爱情中象征着背叛和移情别恋。大丽花花色多样，且每种都代表着不同的含义：红色代表热情、魄力；金黄色代表福气、毅力；橙色代表新颖、祝福、甜美、快乐；紫色代表勇气、毅力、浪漫、气质；白色代表为人落落大方；粉色代表感激、生命力与幻想；黑色代表毅力非凡。

（曹冰）

duō liè chì guǒ jú

多裂翅果菊

菊科翅果菊属

山莴苣（《救荒本草》）

Pterocypsela laciniata (Houtt.) Shih

特征：①二年生草本，无毛，上部有分枝。②叶形变化大，全部叶有狭窄膜片状长毛；下部叶花期枯萎；中部叶披针形、长椭圆状或条状披针形，羽状全裂或深裂，有时不分裂而基部扩大戟形半抱茎，裂片边缘缺刻状，无柄，基部抱茎，带白粉；最上部叶变小，披针形。③头状花序，多数在枝端排列成狭圆锥状；总苞近圆筒形；总苞片3~4层，先端钝或尖，常带红紫色；舌状花淡黄色。④瘦果宽椭圆形，黑色；冠毛白色。

花果期7~9月。

药用价值：根及全草入药，药材名为山莴苣，"清热解毒，活血止血，主治咽喉肿痛，肠痈，子宫颈炎，产后瘀血腹痛，崩漏，疮疖肿毒，疣瘤，痔疮出血。"（《中药大辞典》）

位置：趵突泉校区体育场（趵 A16）南侧，千佛山校区东侧学生公寓区（千 A8），兴隆山校区草丛中散生。

多裂翅果菊，虽然名称中带"菊"，不过却与通常意义上的"菊花"大不相同，其生长于乡野，算是一种常见的野草。它叶片舒展宽大，茎秆笔直粗壮，可以说是"亭亭净植"，特别是那一抹嫩绿，充满着勃勃生机，十分喜人。

（曲勇晓）

jiàn　yè　jīn　jī　jú

剑叶金鸡菊 （《广州习见经济植物》）

菊科金鸡菊属

线叶金鸡菊、除虫菊（《贵州草药》），大金鸡菊（日名），剑叶波斯菊（《全国中草药汇编》）

Coreopsis lanceolata **L.**

特征：①多年生草本，有纺锤根，茎直立，上部有分枝。②叶少数，在茎基部簇生，有长柄，叶片匙形或条状倒披针形，基部楔形，先端钝或圆形；茎上部叶少数，全缘或3深裂，基部窄，先端钝。③头状花序在茎端单生；总苞片内外层近等长。④舌状花黄色，舌片倒卵形或楔形；管状花狭钟状。⑤瘦果圆形或椭圆形，边缘有宽翅，顶端有2片短鳞片。

　　花果期5~9月。

药用价值：全草入药，药材名为线叶金鸡菊，"解热毒，消痈肿，主治疮疡肿毒。"（《中华本草》）

位置：趵突泉校区教学八楼（趵A20）西侧花园，兴隆山校区学生公寓区草坪（兴A11）。

　　这种植物为什么叫金鸡菊呢？想来或许是因为它高高的花茎和花瓣的形状吧。花开起来有半人高，花瓣有4个"指头"，可不就像是金鸡独立嘛！了解了这个特点后，认出金鸡菊就轻而易举了。

　　金鸡菊勇敢积极地展示自己的美丽，不吝啬自己的花蜜，并且本身对环境的要求也不高，这不正是青春的写照吗？金鸡报晓和闻鸡起舞都是积极的褒义的词语，也表达着对祥瑞勤奋的赞美。年轻人应积极向上，不畏惧万难，因此金鸡菊很适合送给年轻人，以此来鼓舞他们不断上进。

（邢雅馨）

liǎng sè jīn jī jú

两色金鸡菊

菊科金鸡菊属

蛇目菊（《江苏南部植物手册》），孔雀草、波斯菊、痢疾草（《广西本草选编》）

***Coreopsis tinctoria* Nutt.**

特征：①一年生草本，无毛，茎直立，上部有分枝。②叶对生，下部及中部叶有长柄，二回羽状全裂，裂片条状披针形，全缘；上部叶无柄，条形。③头状花序多数，有细长花序梗，排列成疏圆锥状或伞房状花序；总苞半球形；总苞片外层较短，内层较长，排成2轮状，内轮4片，外轮4片；舌状花舌片倒卵形，外围黄色，基部红褐色；管状花红褐色。④瘦果长圆形或纺锤形，顶端有2芒。

花期5~9月；果期8~10月。

药用价值：全草入药，药材名为蛇目菊，"清湿热，解毒消痈，主治湿热痢疾，目赤肿痛，痈肿疮毒。"（《中华本草》）

位置：趵突泉校区教学八楼（趵A20）西侧花园，兴隆山校区学生公寓区（兴A11）。

　　两色金鸡菊性强健,宜在日光充足处生长,耐寒力强,凉爽季节生长尤佳。对土壤要求不严,适应性强,有自播繁衍能力。由于金鸡菊对生长环境的适应能力强,生命力很顽强,因此其花语便是竞争心和上进心,这就像是在鼓舞大家遇到任何困难都要勇敢面对。此外,金鸡菊给人乐观积极的感觉,它还象征着金鸡报晓、闻鸡起舞,表达对勤奋、劳动人民的赞美。喜欢金鸡菊的人一定是性格活泼开朗的人,穿着打扮给人乐观、无拘无束的感觉,独具个性。

（邢雅馨、曹冰）

hēi xīn jīn guāng jú
黑 心 金 光 菊 （《江苏南部种子植物手册》）

菊科金光菊属
黑眼菊

***Rudbeckia hirta* L.**

特征：①一或二年生草本，茎不分枝，全株有粗糙毛。②下部叶长卵圆形，基部楔状下延，有 3 出脉，边缘有细锯齿；上部叶长圆披针形，边缘有细至粗锯齿，有白色密刺毛。③头状花序有长花序梗；总苞片外层长圆形；内层披针状条形，全部被白色刺毛；花托圆锥形；托叶条形，对折呈龙骨瓣状，边缘有纤毛；舌状花鲜黄色，舌片长圆形，通常 10~14 个，先端有 2~3 个不整齐短齿；管状花暗褐色。④瘦果四棱形，黑褐色，无冠毛。

花期 5~9 月。

用途：我国各地庭园常见栽培，供观赏。花朵繁盛，适合庭院布置，花境材料，或布置草地边缘成自然式栽植。

位置：兴隆山校区学生公寓区（兴 A11）。

　　黑心菊的花语是公平公正，是评判正确与否的标准。它的样子很像是向日葵，向着太阳的方向，代表着刚直不阿，具有公平正义的美好品行。在爱情里它的寓意是独树一帜的爱，不畏惧别人的眼光，坚信自己的爱情能收获幸福。

（曹冰）

xiāng sī cǎo

香丝草

菊科白酒草属

野塘蒿，野地黄菊，蓑衣草（广西）

***Conyza bonariensis* (L.) Cronq.**

特征：①一年生或二年生草本，根纺锤状，常斜升，具纤维状根。②茎直立或斜升，中部以上常分枝，常有斜上不育的侧枝，密被贴短毛，杂有开展的疏长毛。③叶密集，基部叶花期常枯萎，下部叶倒披针形或长圆状披针形，通常具粗齿或羽状浅裂。④头状花序多数，在茎端排列成总状或总状圆锥花序；总苞椭圆状卵形，总苞片线形，背面密被灰白色短糙毛，具干膜质边缘。雌花多层，白色，两性花淡黄色。⑤瘦果线状披针形，扁压，被疏短毛，冠毛1层，淡红褐色。
花期5~10月。

药用价值：全草入药，药材名为野塘蒿，"清热解毒，除湿止痛，主治感冒，风湿性关节炎，遗精，白带，疮疡脓肿。"（《中药大辞典》）

位置：千佛山校区东侧学生公寓区（千A8），趵突泉校区、兴隆山校区草丛中散生。

　　作为观赏植物，香丝草是个优秀品种，但它对于农民来说却是种杂草，每年都要花费大量的力气去铲除。这就好比人才要放到适合他的位置上，才能人尽其才。

（岳家楠）

xiāo péng cǎo

小 蓬 草

菊科白酒草属

加拿大蓬，飞蓬，小飞蓬

***Conyza canadensis* (L.) Cronq.**

特征：①一年生草本，根纺锤状，具纤维状根。②茎直立，圆柱状，多少具棱，有条纹，被疏长硬毛，上部多分枝。③叶密集，基部叶花期常枯萎，下部叶倒披针形，顶端尖或渐尖，基部渐狭成柄，边缘具疏锯齿或全缘，中部和上部叶较小，线状披针形或线形，近无柄或无柄。④头状花序多数，小，排列成顶生多分枝的大圆锥花序；雌花多数，舌状，白色，舌片小，稍超出花盘；两性花淡黄色，花冠管状。⑤瘦果线状披针形，稍扁压，被贴微毛；冠毛污白色，1层，糙毛状。

花期 5~9 月。

药用价值：全草入药，药材名为小飞蓬，"清热利湿，解毒消肿，主治痢疾，肠炎，肝炎，胆囊炎，中耳炎，结膜炎，跌打损伤，风湿骨痛，疮疖肿痛，外伤出血，湿疹，牛皮癣。"（《中药大辞典》）

位置：千佛山校区东侧学生公寓区（千 A8），趵突泉校区、兴隆山校区草丛中散生。

转蓬离本根，飘飘随长风。何意回飚举，吹我入云中。

高高上无极，天路安可穷。类此游客子，捐躯远从戎。

毛褐不掩形，薇藿常不充。去去莫复道，沉忧令人老。

————三国·曹植《杂诗》

yì nián péng

一年蓬

菊科飞蓬属

千层塔（江西），治疟草、野蒿（江苏）

***Erigeron annuus* (L.) Pers.**

特征：①一年生草本，茎下部被开展的长硬毛，上部被较密的短硬毛。②基部叶花期枯萎，长圆形，基部狭成有翅的长柄，边缘有粗齿；下部叶与基部叶同形；中上部叶较小，长圆状披针形，边缘有不规则的齿；最上部叶条形；全部叶边缘被短硬毛。③头状花序，排列成疏圆锥花序；外围的雌花舌状，2层，舌片平展，白色，条形，先端有2小齿；中央的两性花管状，黄色，檐部近倒锥形。④瘦果披针形，扁压，被疏贴柔毛；冠毛异形，雌花的冠毛极短，膜片状连成小冠，两性花的冠毛2层，外层鳞片状，内层为10~15条刚毛。

花期6~9月。

药用价值：全草入药，药材名为一年蓬，"消食止泻，清热解毒，截疟，主治消化不良，胃肠炎，齿龈炎，疟疾，毒蛇咬伤。"（《中华本草》）

位置：千佛山校区附属中学（千A13）东侧，兴隆山校区学生公寓区（兴A11）草丛中。

我尤爱一年蓬的花朵，形状像撑开的雨伞，黄白相间的颜色像极了煎蛋，总会让我想起电影里的女主角采下一朵小白花，放在鬓边，思念着远方的爱人。这样的小花便是最精致的头饰，美得和谐自然。

（岳家楠）

huáng huā hāo

黄 花 蒿　（《本草纲目》）

菊科蒿属

草蒿、青蒿（《神农本草经》），黄蒿（俗称），犱蒿（《蜀本草》），臭蒿（《日华本草》），黄香蒿、野茼蒿（江苏），茼蒿（山西），秋蒿、香苦草、野苦草（上海），臭黄蒿（内蒙古），假香菜、香丝草、酒饼草（广东、海南岛），苦蒿（四川、云南）

***Artemisia annua* L.**

特征：①一年生草本，植株有浓烈的挥发性香气，茎单生，有纵棱，幼时绿色，后变褐色或红褐色，多分枝。②叶绿色，茎下部叶宽卵形或三角状卵形，三（至四）回栉齿状羽状深裂，裂片长椭圆状卵形，再次分裂，小裂片边缘具多枚栉齿状三角形或长三角形的深裂齿，中轴两侧有狭翅而无小栉齿。③头状花序球形，多数，下垂或倾斜，在分枝上排成总状或复总状花序，并在茎上组成开展、尖塔形的圆锥花序；花深黄色，花冠狭管状，花柱线形，伸出花冠外，先端两分叉。④瘦果小，椭圆状卵形，略扁。

花果期 8~11 月。

药用价值：全草入药，药材名为青蒿，"清虚热，除骨蒸，解暑热，截疟，退黄，用于温邪伤阴，夜热早凉，阴虚发热，骨蒸劳热，暑邪发热，疟疾寒热，湿热黄疸。"（《中国药典》）

位置：千佛山校区、兴隆山校区草丛中散生。

自古青蒿即有两个品种混用的情况，且尤多用色深之青蒿（*Artemisia carvifolia*）。但据现代研究和调查的结果，仅黄花蒿（*Artemisia annua*）含有抗疟有效成分青蒿素，且资源丰富，产量极大，使用最为广泛，故宜以此为青蒿正品。

——《中华本草》

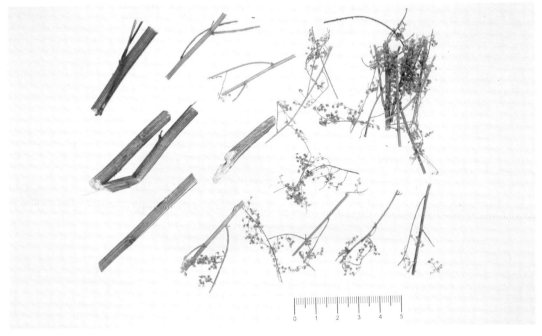

药材图——青蒿

药材图——旋覆花

xuán fù huā

旋覆花（《神农本草经》）

菊科旋覆花属

金佛花，金佛草（江浙），六月菊（河北）

***Inula japonica* Thunb.**

特征： ①多年生草本，根状茎短，横走或斜升，有多少粗壮的须根。茎单生，直立。②基部叶常较小，在花期枯萎；中部叶长圆形，长圆状披针形或披针形，基部多少狭窄，常有圆形半抱茎的小耳，无柄。③头状花序多数或少数排列成疏散的伞房花序。总苞半球形；总苞片线状披针形。舌状花黄色，舌片线形；管状花花冠有三角披针形裂片。④瘦果圆柱形，顶端截形，被疏短毛。

花期 6~10 月，果期 9~11 月。

药用价值： 干燥地上部分入药，药材名为金沸草，"降气，消痰，行水，用于外感风寒，痰饮蓄结，咳喘痰多，胸膈痞满。"花序入药，药材名为旋覆花，"降气，消痰，行水，止呕，用于风寒咳嗽，痰饮蓄结，胸膈痞闷，喘咳痰多，呕吐噫气，心下痞硬。"（《中国药典》）

根入药，药材名为旋覆花根，祛风湿，平喘咳，解毒生肌，主治风湿痹痛，喘咳，疔疮。（《中药大辞典》）

位置： 趵突泉校区药圃（趵 D13）、综合办公楼（趵 A32）北侧。

旋覆花开润足珍，别名金沸草称神。
蕊繁最喜生家圃，根细空教产水滨。
咸可软坚痰不老，温能散结气俱匀。
须防损目休多嗅，自古先贤训欲遵。

——清·赵瑾叔《本草诗》

jú yù

菊芋

菊科向日葵属

菊薯、五星草（广西），洋羌、番羌（广东）

***Helianthus tuberosus* L.**

特征：①多年生草本，有姜状块茎，茎被白色短糙毛。②叶通常对生，但上部叶互生；下部叶卵圆形，边缘有稀锯齿，离基三出脉，上面有白色短粗毛，下面被柔毛，有长柄；上部叶长椭圆形。③头状花序，单生于枝端，排列成伞房状；总苞片多层，披针形，背面被短伏毛，边缘被开展的缘毛；托片长圆形，背面有肋，上端不等3浅裂；舌状花通常12~20个，舌片黄色，开展，长椭圆形；管状花黄色。④瘦果小，楔形，上端有2~4个有毛的锥状扁芒。

花期8~9月。

药用价值：块茎或茎叶入药，药材名为菊芋，"清热凉血，接骨，主治热病，肠热泻血，跌打骨伤。"（《中药大辞典》）

位置：趵突泉校区药学科研楼（趵A8）南侧、兴隆山校区学生公寓区（兴A11）。

菊芋花虽然花朵较小，但是个头挺
高，其植株最高能长到三米甚至更高。
花朵开在茎的顶端，天晴时抬头望，可
见碧空如洗，金黄色的菊芋花以蓝色的
天空为背景在风中摇曳，好看极了。

（邢雅馨）

pú gōng yīng
蒲公英 （《新修本草》）

菊科蒲公英属

凫公英（《千金要方》），蒲公草、耩耨草（《新修本草》），地丁（《本草衍义》），孛孛丁菜、黄花苗、黄花郎（《救荒本草》），鹁鸪英（《庚辛玉册》），白鼓丁（《野菜谱》），黄花地丁、蒲公丁、耳瘢草、狗乳草（《本草纲目》），黄花草、古古丁（江苏），婆婆丁、灯笼草（湖北），姑姑英（内蒙古）

Taraxacum mongolicum **Hand.-Mazz.**

特征： ①多年生草本，全株含白色乳汁，主根圆锥形。②叶基生，叶片倒披针形或线形，边缘有大小不等的缺刻或羽状深裂，基部狭窄下延至柄。③头状花序顶生；总苞钟状，苞片2至多层，卵状披针形；花全部舌状，黄色，先端5齿裂，雄蕊5枚，聚药，雌蕊1枚，花柱细长，先端2裂。④瘦果狭卵形，表面有纵棱及刺状突起，顶端有长喙，冠毛白色。

花期5~10月，果期6~10月。

药用价值： 根及全草入药，药材名为蒲公英，"清热解毒，消肿散结，利尿通淋，用于疔疮肿毒，乳痈，瘰疬，目赤，咽痛，肺痈，肠痈，湿热黄疸，热淋涩痛。"（《中国药典》）

位置： 趵突泉校区药圃（趵D13），幼儿园（趵A13），各校区校园草丛中散生。

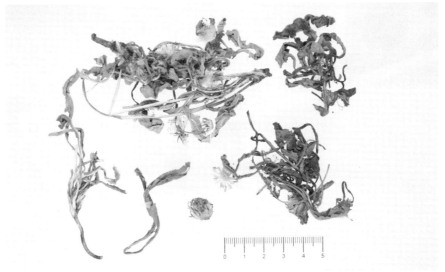

药材图——蒲公英

　　蒲公草，旧不著所出州土，今处处平泽田园中皆有之。春初生苗，叶如苦苣，有细刺；中心抽一茎，茎端出一花，色黄如金钱；断其茎有白汁出，人亦啖之。俗呼为蒲公英，语讹为仆公罂是也。

——宋·苏颂《本草图经》

　　蒲公草，今地丁也，四时常有花，花罢飞絮，絮中有子，落处即生，所以庭院间亦有者，盖因风而来也。

——宋·寇宗奭《本草衍义》

kǔ jù cài
苦苣菜 （《植物名实图考》）

菊科苦苣菜属

苦菜、荼草、选（《神农本草经》），游冬（《名医别录》），苦马菜（《滇南本草》），老鸦苦荬（《医林纂要·药性》），滇苦英菜（《植物名实图考》）

***Sonchus oleraceus* L.**

特征：①一年生草本，根纺锤状，茎不分枝。②叶柔软，无毛，长椭圆状阔披针形，羽状分裂，大头羽状全裂，顶裂片大，宽三角形，侧裂片长圆形，有不规则的刺状尖齿；下部叶柄有翅，基部扩大抱茎；中上部叶无柄，基部宽大戟状耳形抱茎。③头状花序数个，在茎顶排成伞房状；梗或总苞下部疏生腺毛；总苞钟状；总苞片2~3层，先端尖，背面疏生腺毛和微毛，外层苞片卵状披针形，内层苞片披针形；舌状花黄色。④瘦果长椭圆状倒卵形，压扁，褐色，边缘有微齿，两面各有3条高起的纵肋，肋间有横纹；冠毛白色，毛状。

　　花果期5~12月。

药用价值：全草入药，药材名为苦菜，"清热解毒，凉血止血，主治肠炎，痢疾，黄疸，淋证，咽喉肿痛，口疮，痈疮肿毒，乳痈，痔瘘，虫蛇咬伤，吐血，衄血，咯血，尿血，便血，崩漏。"（《中药大辞典》）

位置：趵突泉校区、兴隆山校区草丛中散生。

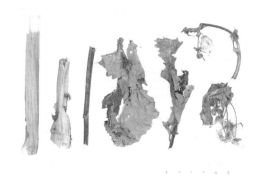

药材图——苦荬

苦荬，即苦荬也。家栽者呼为苦苣，实一物也。春初生苗，有赤茎、白茎二种，其茎中空而脆，折之有白汁。胼叶似花萝卜菜叶，而色绿带碧，上叶抱茎，梢叶似鹤嘴，每叶分叉，撺挺如穿叶状。开黄花，如初绽野菊。一花结子一丛，如茼蒿子及鹤虱子，花罢则收敛，子上有白毛茸茸，随风飘扬，落处即生。

——明·李时珍《本草纲目》

huáng ān cài
黄 鹌 菜

菊科黄鹌菜属

***Youngia japonica* (L.) DC.**

特征： ①一年生草本，根垂直直伸，生多数须根。茎直立，单生或少数茎成簇生，粗壮或细，顶端伞房花序状分枝或下部有长分枝，下部被稀疏的皱波状长或短毛。②基生叶全形倒披针形、椭圆形、长椭圆形或宽线形，大头羽状深裂或全裂，叶柄有狭或宽翼或无翼，顶裂片卵形、倒卵形或卵状披针形，顶端圆形或急尖，边缘有锯齿或几全缘，侧裂片椭圆形，向下渐小，最下方的侧裂片耳状，全部侧裂片边缘有锯齿或边缘有小尖头；无茎叶或极少有1~2枚茎生叶，与基生叶同形并等样分裂；全部叶及叶柄被皱波状长或短柔毛。③头状花序含10~20枚舌状小花，少数或多数在茎枝顶端排成伞房花序。总苞圆柱状，总苞片4层；全部总苞片外面无毛。舌状小花黄色。④瘦果纺锤形，压扁，褐色或红褐色，向顶端有收缢，顶端无喙。

花果期4~10月。

药用价值： 根或全草入药，药材名为黄鹌菜，"清热解毒，利尿消肿，主治感冒，咽痛，眼结膜炎，乳痈，疮疖肿毒，毒蛇咬伤，痢疾，肝硬化腹水，急性肾炎，淋浊，血尿，白带，风湿关节炎，跌打损伤。"（《中华本草》）

位置： 趵突泉校区教学六楼（趵A33）北侧。

　　黄鹌菜是一种十分常见的野菜，与蒲公英极为相似，果实也附有白色柔软的绒毛，可以像降落伞般在风中传播。

（曲勇晓）

药材图——黄鹌菜

shān mài dōng

山麦冬

百合科山麦冬属

***Liriope spicata* (Thunb.) Lour.**

特征： ①植株有时丛生，根稍粗，有时分枝多，近末端处常膨大成矩圆形、椭圆形或纺锤形的肉质小块根；根状茎短，木质，具地下走茎。②叶先端急尖或钝，基部常包以褐色的叶鞘，上面深绿色，背面粉绿色，中脉比较明显，边缘具细锯齿。③花葶通常长于或几等长于叶，少数稍短于叶；总状花序，具多数花；苞片小，披针形，干膜质；关节位于中部以上或近顶端；花被片矩圆形、矩圆状披针形，先端钝圆，淡紫色或淡蓝色；花药狭矩圆形；子房近球形。④种子近球形。

花期 5~7 月，果期 8~10 月。

药用价值： 块根入药，药材名为山麦冬，"养阴生津，润肺清心，用于肺燥干咳，阴虚痨嗽，喉痹咽痛，津伤口渴，内热消渴，心烦失眠，肠燥便秘。"（《中国药典》）

位置： 趵突泉校区、千佛山校区路边草坪多见。

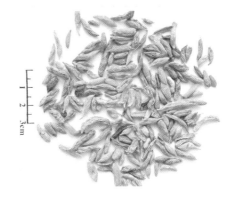

药材图——山麦冬

　　火热挟饮致逆，为上气，为咽喉不利，与表寒挟饮上逆者悬殊矣。故以麦冬之寒治火逆，半夏之辛治饮气，人参、甘草之甘以补益中气。盖从外来者，其气多实，故以攻发为急；从内生者，其气多虚，则以补养为主也。

——清·尤怡《金匮要略心典》

sī lán

丝兰

百合科丝兰属
洋菠萝（浙江）

***Yucca smalliana* Fern.**

特征： ①茎很短或不明显。②叶近莲座状簇生，坚硬，近剑形或长条状披针形，顶端具一硬刺，边缘有许多稍弯曲的丝状纤维。③花葶高大而粗壮；花近白色，下垂，排成狭长的圆锥花序，花序轴有乳突状毛；花丝有疏柔毛。

　　秋季开花。

用途： 花叶俱美的观赏植物。丝兰常年浓绿，花、叶皆美，树态奇特，数株成丛，高低不一，叶形如剑，开花时花茎高耸挺立，花色洁白，繁多的白花下垂如铃，姿态优美，花期持久，幽香宜人，是良好的庭园观赏植物，也是良好的鲜切花材料。常植于花坛中央、建筑前、草坪中、池畔、台坡、建筑物、路旁及绿篱等栽植用。

位置： 趵突泉校区教学三楼（趵 A31）北侧三角花园，兴隆山校区学生公寓区（兴 A11）。

  丝兰的香味，淡然又幽静，若有若无，似乎太高贵而不易接近，仿如是典雅柔美的女性气质，怀着温婉而又无忧无虑的浪漫情怀，缓缓绽放着迷人的气息。

——佚名

xuān cǎo

萱草

百合科萱草属

忘萱草（《东北植物检索表》）

***Hemerocallis fulva* (L.) L.**

特征：①根近肉质，中下部有纺锤状膨大。②叶一般较宽，长40~60厘米。③花葶顶端分枝，有花 6~12 朵，排列为总状或圆锥状；花早上开晚上凋谢，无香味，桔红色至桔黄色，内轮花被裂片下部一般有"∧"形彩斑。

花果期为 5~7 月。

药用价值：根入药，药材名为萱草根，"清热利湿，凉血止血，解毒消肿，主治黄疸，水肿，淋浊，带下，衄血，便血，崩漏，瘰疬，乳痈，乳汁不通。"嫩苗入药，药材名为萱草嫩苗，"清热利湿，主治胸膈烦热，黄疸，小便短赤。"（《中药大辞典》）

位置：趵突泉校区药圃（趵 D13）、教学八楼（趵 A20）西侧花园。

萱草生堂阶，游子行天涯。
慈亲倚堂门，不见萱草花。
——唐·孟郊《游子》

zǐ è
紫萼

百合科玉簪属

***Hosta ventricosa* (Salisb.) Stearn**

特征：①多年生草本。②叶片卵状心形，先端通常近短尾状或骤尖，基部心形或近截形。③花葶有花 10~30 朵；苞片长圆状披针形，白色，膜质；花单生，盛开时从花被管向上骤然作近漏斗状扩大，紫红色；雄蕊离生，伸出花被之外。④蒴果圆柱形，有三棱。

花期 6~7 月，果期 7~9 月。

药用价值：花入药，药材名为紫玉簪，"凉血止血，解毒，主治吐血，崩漏，湿热带下，咽喉肿痛。"根入药，药材名为紫玉簪根，"清热解毒，散瘀止血，下骨鲠。主治咽喉肿痛，痈肿疮疡，跌打损伤，胃痛，牙痛，吐血，崩漏，骨鲠。"（《中药大辞典》）

叶入药，药材名为紫玉簪叶，"散瘀止痛，解毒，主治胃痛，跌打损伤，鱼骨鲠喉；外用治蛇虫咬伤，痈肿疔疮。"（《全国中草药汇编》）

位置：趵突泉校区中心花园（趵 D6）、教学八楼（趵 A20）西侧花园。

紫玉簪茎叶花蕊与玉簪花无别，但短小深绿色而花紫，嗅之似有恶气，殊不堪食，谓之紫鹤。八月作角如桑螵蛸，有六瓣，子亦苦榆钱而黑亮如漆。

——明·刘文泰等《本草品汇精要》

yuān wěi

鸢尾 （《神农本草经》）

鸢尾科鸢尾属

屋顶鸢尾（《中国植物学杂志》），蓝蝴蝶（广州），紫蝴蝶、扁竹花（陕西），蛤蟆七（湖北）

Iris tectorum Maxim.

特征： ①多年生草本，根状茎粗壮，二歧分枝，斜伸，须根较细而短。②叶基生，黄绿色，稍弯曲，中部略宽，宽剑形，顶端渐尖或短渐尖，基部鞘状，有数条不明显的纵脉。③花茎光滑，顶部常有1~2个短侧枝，中、下部有1~2枚茎生叶；苞片2~3枚，绿色，内包含有1~2朵花；花蓝紫色；花被管细长，上端膨大成喇叭形，外花被裂片圆形或宽卵形，顶端微凹，爪部狭楔形，中脉上有不规则的鸡冠状附属物，成不整齐的繸状裂，内花被裂片椭圆形，花盛开时向外平展，爪部突然变细；花药鲜黄色，花丝细长，白色；花柱分枝扁平，淡蓝色，子房纺锤状圆柱形。④蒴果长椭圆形或倒卵形，有6条明显的肋，成熟时自上而下3瓣裂；种子黑褐色，梨形，无附属物。

花期4~5月，果期6~8月。

药用价值： 干燥根茎入药，药材名为川射干，"清热解毒，祛痰，利咽，用于热毒痰火郁结，咽喉肿痛，痰涎壅盛，咳嗽气喘。"（《中国药典》）

位置： 趵突泉校区药圃（趵D13）、中心花园（趵D6），兴隆山校区学生公寓区（兴A11）。

紫色象征着神秘与高贵，紫色鸢尾的花语是我很想念你、传播好消息的使者、爱的使者、使命、一颗优雅的心等。在我国，鸢尾通常象征着爱情和友谊，象征着前途无量、鹏程万里和明察秋毫。

（岳家楠）

dé guó yuān wěi
德国鸢尾

鸢尾科鸢尾属

Iris germanica L.

特征：①多年生草本，根状茎粗壮而肥厚，常分枝，扁圆形，斜伸，具环纹，黄褐色；须根肉质，黄白色。②叶直立或略弯曲，淡绿色、灰绿色或深绿色，常具白粉，剑形，顶端渐尖，基部鞘状，常带红褐色，无明显的中脉。③花茎光滑，黄绿色；苞片 3 枚，草质，绿色，边缘膜质，内包含有 1~2 朵花；花大，鲜艳；花色多为淡紫色、蓝紫色、深紫色或白色，有香味；花被管喇叭形，外花被裂片椭圆形或倒卵形，顶端下垂，爪部狭楔形，中脉上密生黄色的须毛状附属物，内花被裂片倒卵形或圆形，直立，顶端向内拱曲，中脉宽，并向外隆起，爪部狭楔形；花药乳白色；花柱分枝淡蓝色、蓝紫色或白色，顶端裂片宽三角形或半圆形，有锯齿，子房纺锤形。④蒴果三棱状圆柱形，顶端钝，无喙，成熟时自顶端向下开裂为三瓣；种子梨形，黄棕色，表面有皱纹，顶端生有黄白色的附属物。

花期 4~5 月，果期 6~8 月。

用途：原产欧洲，我国各地庭园常见栽培。本种为著名的花卉，品种甚多。

位置：趵突泉校区药圃（趵 D13），李时珍塑像（趵 D8）南侧。

　　德国鸢尾的花语是神圣、尊贵，表达这个含义的主要是蓝紫色的花。不同的国家文化底蕴不同，象征的意义也不一样，在我国可以象征爱情和友谊，以及鹏程万里、前途无量的祝福，在古代埃及象征力量与雄辩，在欧洲象征着光明的自由。此外，不同颜色也有不同含义：白色代表纯真；黄色代表友谊永固、热情开朗；蓝色代表素雅大方或暗中仰慕；紫色代表爱意与吉祥。

（曹冰）

mǎ lìn
马 蔺 （《本草图经》）

鸢尾科鸢尾属

蠡实（《神农本草经》），紫蓝草、兰花草（安徽），箭秆风，马帚子（湖南），马莲（华北、西北、东北）

Iris lactea Pall. var. *chinensis* (Fisch.) Koidz.

特征：①多年生密丛草本，根状茎粗壮，木质，斜伸，外包有大量致密的红紫色折断的老叶残留叶鞘及毛发状的纤维；须根粗而长，黄白色。②叶基生，坚韧，灰绿色，条形或狭剑形，顶端渐尖，基部鞘状，带红紫色，无明显的中脉。③花茎光滑；苞片 3~5 枚，绿色，披针形，内包含有 2~4 朵花；花浅蓝色、蓝色或蓝紫色，花被上有较深色的条纹；花药黄色，花丝白色；子房纺锤形。④蒴果长椭圆状柱形，有 6 条明显的肋，顶端有短喙；种子为不规则的多面体，棕褐色，略有光泽。

花期 5~6 月，果期 6~9 月。

药用价值：种子入药，药材名为马蔺子，"清热利湿，止血，解毒，主治黄疸，淋浊，小便不利，食积，吐血衄血，便血崩漏，疮肿瘰疬，疝气，蛇伤。"全草入药，药材名为马蔺，"清热解毒，利尿通淋，活血消肿，主治喉痹，淋浊，关节痛，痈疽恶疮，金疮。"花入药，药材名为马蔺花，"清热，解毒，止血，利尿，主治喉痹，吐血，衄血，崩漏，便血，石淋，热淋，疝气，痔疮，痈疽，烫伤。"根入药，药材名为马蔺根，"清热，解毒，利尿，主治喉痹，痈疽肿毒，黄疸，风湿痹痛，淋浊。"（《中药大辞典》）

位置：趵突泉校区教学五楼（趵 A30）西南角、药圃（趵 D13）。

药材图——马蔺子

不知道大家是否听过这首童谣："马兰花，马兰花，风吹雨打都不怕，勤劳的人儿在说话，请你马上就开花……"这里的马兰花就是马蔺。虽然在现实中，马蔺没有那么神奇稀有，不过这也寄托了劳动人民的美好愿景。

（邢雅馨）

bái máo
白 茅 （《本草经集注》）

禾本科白茅属

丝茅（《本草纲目》），万根草（《铁岭县志》），茅草（俗名）

***Imperata cylindrica* (L.) Beauv.**

特征：①多年生，具粗壮的长根状茎。秆直立，具 1~3 节。②叶鞘聚集于秆基，甚长于其节间，质地较厚，老后破碎呈纤维状；叶舌膜质，紧贴其背部或鞘口具柔毛，分蘖叶片长约 20 厘米，扁平，质地较薄；秆生叶片长 1~3 片厘米，窄线形，通常内卷，顶端渐尖呈刺状，下部渐窄。③圆锥花序稠密，基盘具丝状柔毛；两颖草质及边缘膜质，近相等，具 5~9 片脉，顶端渐尖或稍钝，常具纤毛，脉间疏生长丝状毛；雄蕊 2 枚；花柱细长，基部多少连合，柱头 2，紫黑色，羽状，自小穗顶端伸出。④颖果椭圆形，胚长为颖果之半。

花果期 4~6 月。

药用价值：根茎入药，药材名为白茅根，"凉血止血，清热利尿，用于血热吐血，衄血，尿血，热病烦渴，湿热黄疸，水肿尿少，热淋涩痛。"（《中国药典》）

花穗入药，药材名为白茅花，"止血，定痛，主治吐血，衄血，刀伤。"初生未放花序入药，药材名为白茅针，"止血，解毒，主治衄血，尿血，大便下血，外伤出血，疮痈肿毒。"（《中药大辞典》）

位置：兴隆山校区学生公寓区（兴 A11）草丛中散生。

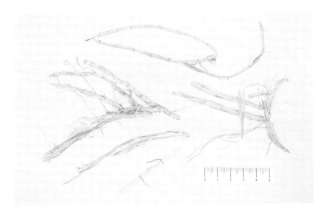

药材图——白茅根

春生苗，布地如针，俗间谓之茅针，亦可啖，甚益小儿。夏生白花，茸茸然，至秋而枯，其根至洁白，亦甚甘美，六月采根用。

——宋·苏颂《本草图经》

白茅，《本经》中品……其芽曰茅针，白嫩可啖，小儿嗜之。河南谓之茅荑，湖南通呼为丝茅，其根为血症要药。

——清·吴其浚《植物名实图考》

hǔ zhǎng
虎 掌 （《神农本草经》）

天南星科半夏属

掌叶半夏（四川、河北），狗爪半夏（湖北、四川），半夏、绿芋子（河北），天南星（河南），麻芋果（贵州），独败家子、南星（四川），真半夏（广西南宁），大三步跳（湖南）

Pinellia pedatisecta **Schott**

特征：①块茎近圆球形，根密集，肉质；块茎四旁常生若干小球茎。②叶1~3片或更多，叶柄淡绿色，下部具鞘；叶片鸟足状分裂，裂片6~11片，披针形，渐尖，基部渐狭，楔形，两侧裂片依次渐短小；侧脉6~7对，离边缘3~4毫米处弧曲，连结为集合脉。③花序柄直立。佛焰苞淡绿色，管部长圆形，向下渐收缩；檐部长披针形，锐尖。肉穗花序附属器黄绿色，细线形，直立或略呈"S"形弯曲。④浆果卵圆形，绿色至黄白色，小，藏于宿存的佛焰苞管部内。

花期6~7月，果9~11月成熟。

药用价值：块茎入药，药材名为虎掌南星，功效同天南星，"祛风止痉，化痰散结，主治中风痰壅，口眼歪斜，半身不遂，手足麻痹，风痰眩晕，癫痫、惊风，破伤风，咳嗽多痰，痈肿，瘰疬，跌打麻痹，毒蛇咬伤。"（《中华本草》）

位置：趵突泉校区药圃（趵D13），千佛山校区舜园餐厅（千A6）南门。

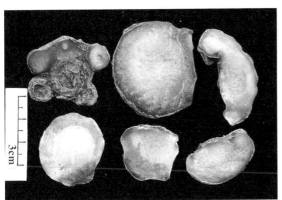 

药材图——虎掌南星

临溪长是见归乌，摇落初惊岁物徂。虎掌烟芒金穗密，雁头霜叶绀轮枯。
差差去幕东西燕，两两随波上下凫。更向岸边横饮舫，便疑狂醉宿江湖。
——宋·宋庠《晚出池上观秋物》

●杏林春暖●

dùn yè suān mó

钝叶酸模

蓼科酸模属

土大黄（《质问本草》），救命王（《慈航活人书》），金不换（《本草纲目拾遗》），吐血草、箭头草（《草药方》），化血莲（江西），广角、包金莲（福建），血当归、萝卜奇、血三七、癣药（湖南），铁蒲扇、大晕药（《民间常用草药汇编》）

Rumex obtusifolius **L.**

特征：①多年生草本，根粗壮，茎直立，有分枝，具深沟槽，无毛。②基生叶长圆状卵形或长卵形，顶端钝圆或稍尖，基部心形，边缘微波状，上面无毛，下面疏生小突起；茎生叶长卵形，较小，叶柄较短；托叶鞘膜质，易破裂。③花序圆锥状具叶，分枝斜上；花两性，密集成轮；花梗细弱，丝状，中下部具关节，关节明显；外花被片狭长圆形，内花被片果时增大，狭三角状卵形，顶端稍钝，基部截形。④瘦果卵形，具3锐棱，暗褐色，有光泽。

花期5~6月，果期6~7月。

药用价值：根入药，药材名为土大黄，"清热解毒，凉血止血，祛瘀消肿，通便，杀虫，主治肺痨咳血，肺痈，吐血，瘀滞腹痛，跌打损伤，大便秘结，痄腮，痈疮肿毒，烫伤，疥癣，湿疹。"（《中华本草》）

位置：趵突泉校区药圃（趵D13）。

　　金不换（土大黄），亦名救命王，似羊蹄根而叶圆短，本不甚高。此草出于西极，传入中土，人家种之治病。故山泽中不产。立春后生，夏至后枯，用根。

——清·赵学敏《本草纲目拾遗》

hóng liǎo

红 蓼 （《中国高等植物图鉴》）

蓼科蓼属

游龙（《诗经》），茏古（《尔雅》），茏鼓（《唐本草》），东方蓼（《中国药植志》），水荭、大蓼（《本草拾遗》），荭草、天蓼、石龙（《名医别录》），家蓼、水红花（新疆）

***Polygonum orientale* L.**

特征：①一年生草本，茎直立，粗壮，具展开的分枝，全株有毛。②叶卵形，先端渐尖，全缘，基部近圆形或心形；托叶鞘筒状，下部膜质，褐色，顶部草质，绿色，向外反卷。③花序圆锥状顶生或腋生，下垂；花被白色或粉红色，5深裂；雄蕊7枚；花柱2条。④瘦果略呈圆形，扁平，黑色，有光泽，全包于宿存的花被内。

花期5~8月，果期7~9月。

药用价值：果实入药，药材名为水红花子，"散血消癥，消积止痛，利水消肿，用于癥瘕痞块，瘿瘤，食积不消，胃脘胀痛，水肿腹水。"（《中国药典》）

茎叶入药，药材名为荭草，"祛风除湿，清热解毒，活血，截疟，主治风湿痹痛，痢疾，腹泻，吐泻转筋，水肿，脚气，痈疮疔疖，蛇虫咬伤，小儿疳积，疝气，跌打损伤，疟疾。"根入药，药材名为荭草根，"清热解毒，除湿通络，生肌敛疮，主治痢疾，肠炎，水肿，脚气，风湿痹痛，跌打损伤，荨麻疹，疮痈肿痛或久溃不敛。"（《中药大辞典》）

位置：趵突泉校区药圃（趵 D13）。

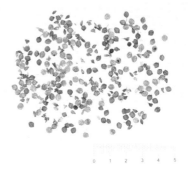

药材图——水红花子

大蓼，此蓼甚大，而花亦繁红，故曰荭，曰鸿，鸿亦大也。《别录》有名未用草部中有天蓼，云一名石龙，生水中，陈藏器解云：天蓼即水荭一名游龙，一名大蓼。据此，则二条乃一指其实，一指茎叶而言，今并为一。其茎粗如拇指，有毛，其叶大如商陆叶，色浅红成穗，秋深子成，扁如酸枣仁而小，其色赤黑而肉白，不甚辛。

——明·李时珍《本草纲目》

hǔ zhàng
虎杖 （《名医别录》）

蓼科虎杖属

大虫杖（《药性论》），苦杖（《本草拾遗》），酸杖、斑杖（《日华子》），酸桶笋（《救荒本草》），酸杆、斑根、黄药子（《植物名实图考》），蛇总管（广东），大活血、紫金龙（南京），酸汤杆、黄地榆、号筒草（贵州），斑庄根、大接骨（云南）

Reynoutria japonica **Houtt.**

特征：①多年生灌木状草本，根状茎横走，木质化，外皮黄褐色。②茎丛生，中空，表面散生红色或紫色斑点。③叶片阔卵形，全缘；托叶鞘筒状，先端斜形，早落。④花单生，雌雄异株；花序圆锥状，顶生及腋生；花白色，花被5裂，外轮3片果期增大，背部有翅；雄花雄蕊8枚，长于花被，有退化雌蕊；雌花有退化雄蕊，花柱3条，柱头扩展呈鸡冠状。⑤瘦果椭圆状三棱形，黑褐色，包于增大的花被内。

花期8~9月，果期9~10月。

药用价值：根茎和根入药，药材名为虎杖，"利湿退黄，清热解毒，散瘀止痛，止咳化痰，用于湿热黄疸，淋浊，带下，风湿痹痛，痈肿疮毒，水火烫伤，经闭，癥瘕，跌打损伤，肺热咳嗽。"（《中国药典》）

叶入药，药材名为虎杖叶，"祛风湿，解毒，主治风湿关节疼痛，蛇咬伤。"（《中药大辞典》）

位置：趵突泉校区药圃（趵D13）、幼儿园（趵A13）。

　　虎杖，一名苦杖。旧不载所出州郡，今处处有之。三月生苗，茎如竹笋状；上有赤斑点，初生便分枝丫；叶似小杏叶；七月开花，九月结实。南中出者，无花。根皮黑色，破开即黄，似柳根，亦有高丈余者。

——宋·苏颂《本草图经》

药材图——虎杖

jīn qiáo mài

金荞麦 （《植物名实图考》）

蓼科荞麦属

天荞麦、赤地利（《新修本草》）、薜荔（《本草纲目》），金锁银开、天荞麦根（《李氏草秘》），开金锁（《本草从新》），透骨消（《植物名实图考》），苦荞头、铁石子（《天宝本草》），野荞子（《分类草药性》），五毒草、五蕺、蛇罔（《本草拾遗》）

Fagopyrum dibotrys (D. Don) Hara

特征：①多年生草本，根状茎木质化，黑褐色，茎直立，分枝，具纵棱，无毛。有时一侧沿棱被柔毛。②叶三角形，顶端渐尖，基部近戟形，边缘全缘，两面具乳头状突起或被柔毛；托叶鞘筒状，膜质，褐色，偏斜，顶端截形，无缘毛。③花序伞房状，顶生或腋生；苞片卵状披针形，顶端尖，边缘膜质，每苞内具2~4花；花梗中部具关节，与苞片近等长；花被5深裂，白色，花被片长椭圆形，雄蕊8枚，比花被短，花柱3条，柱头头状。④瘦果宽卵形，具3锐棱，黑褐色，无光泽，超出宿存花被。

花期7~9月，果期8~10月。

药用价值：根茎入药，药材名为金荞麦，"清热解毒，祛痰利咽，活血消痈，主治肺痈，肺热咳喘，咽喉肿痛，痢疾，跌打损伤，痈肿疮毒，蛇虫咬伤。"茎叶入药，药材名为金荞麦茎叶，"清热解毒，消肿散结，主治咽喉肿痛，肺痈，肝炎腹胀，痢疾，乳痈，痈疽疔肿，瘰疬，毒蛇咬伤。"（《中药大辞典》）

位置：趵突泉校区药圃（趵D13）。

　　金荞麦和荞麦的区别主要有以下几点：(1) 金荞麦的叶子为三角形，荞麦叶子为三角形或卵状三角形，相对前者较小。(2) 金荞麦花梗和苞片长度几乎一样；荞麦花梗比苞片长。(3) 金荞麦果实为黑褐色；荞麦果实为暗褐色。

（曹冰、赵宇）

niú xī

牛 膝 （《神农本草经》）

苋科牛膝属

山苋菜、对节菜、脚斯蹬（《救荒本草》），透骨草、喉白草、喉痹草、鼓槌草、疗疮草（《新作本草纲要》），牛茎（《广雅》），百倍（《神农本草经》），怀夕、真夕《汉药写真集成》），怀膝（《常用中药名辨》），粘草广根（贵州、云南），接骨丹（河南），铁牛膝（《滇南本草》），杜牛膝（《本草备要》）

Achyranthes bidentata **Blume**

特征：①多年生草本，根多数丛生，圆柱状，质柔软，茎有红色条纹，茎节膨大；分枝对生。②单叶对生，叶片椭圆形或阔披针形，先端锐尖，全缘，基部楔形或宽楔形，两面被柔毛；有柄。③穗状花序顶生和腋生。花两性，花后下折贴近花梗，成细圆筒形；苞片卵形，膜质，上部突尖成刺；花被5片，绿色，锥形或披针形，先端尖，有光泽；雄蕊5枚，下部合生；子房圆筒形，花柱线形。④胞果长圆形，果皮薄，光滑。

花期7~8月，果期9~10月。

药用价值：根入药，药材名为牛膝，"逐瘀通经，补肝肾，强筋骨，利尿通淋，引血下行，用于经闭，痛经，腰膝酸痛，筋骨无力，淋证，水肿，头痛，眩晕，牙痛，口疮，吐血，衄血。"（《中国药典》）

位置：趵突泉校区药圃（趵D13）、图书馆（趵A21）东南角别墅南侧。

药材图——牛膝

　　牛膝，生河内川谷及临朐，今江淮、闽、粤、关中亦有之，然不及怀州者为真。春生苗，茎高二三尺，青紫色，有节如鹤膝，又如牛膝状，以此名之。叶尖圆如匙，两两相对；于节上生花作穗，秋结实甚细。此有二种：茎紫，节大者为雄；青细者为雌。二月、八月、十月采根，阴干。根极长大而柔润者佳。茎叶亦可单用。

——宋·苏颂《本草图经》

qīng xiāng
青 葙

苋科青葙属

草蒿、萋蒿（《神农本草经》），野鸡冠、鸡冠苋（《本草纲目》），
昆仑草（《新修本草》），犬尾鸡冠花、牛母蒿、牛尾行（福建），
鸡冠菜、土鸡冠（江苏），野鸡冠花（山东、江苏、浙江、四川），
狐狸尾、指天笔（广西），百日红（广东、海南）

Celosia argentea L.

特征：①一年生草本，全株无毛，茎绿色，有条纹。②单叶互生，披针形或椭圆状披针形，先端长尖，全缘，基部渐狭而形成叶柄。③穗状花序顶生及腋生，初时淡紫红色，后变白色；花密生，每花具3苞片，膜质而有光泽；花被5片，披针形；雄蕊5枚，花丝下部合生；雌蕊1枚，花柱长而直立，柱头2裂。④胞果卵形，包于花被内，熟时盖裂。

花期5~7月，果期6~9月。

药用价值：种子入药，药材名为青葙子，"清肝泻火，明目退翳，用于肝热目赤，目生翳膜，视物昏花，肝火眩晕。"（《中国药典》）

茎叶或根入药，药材名为青葙，"燥湿，清热，杀虫，凉血，主治湿热带下，小便不利，尿浊，泄泻，阴痒，疮疥，风瘙身痒，痔疮，衄血，创伤出血。"花序入药，药材名为青葙花，"凉血，清肝，利湿，明目，主治吐血，衄血，崩漏，赤痢，血淋，热淋，白带，目赤肿痛，目生翳障。"（《中药大辞典》）

位置：趵突泉校区药圃（趵D13）。

此草苗高尺余，叶细软，花紫白色，实作角，子黑而扁光，似苋实而大，生下湿地，四月、五月采。荆、襄人名为昆仑草。

——唐·苏敬《新修本草》

zǐ huā lóu dǒu cài

紫花楼斗菜 （《救荒本草》）

毛茛科楼斗菜属

石头花（河北），紫花菜（山东），血见愁、漏斗菜（东北）

***Aquilegia viridiflora* Pall. f.*atropurpurea* (Willd.) Kitalg.**

特征： ①根肥大，圆柱形，简单或有少数分枝，外皮黑褐色。茎常在上部分枝，除被柔毛外还密被腺毛。②基生叶少数，二回三出复叶；楔状倒卵形，上部三裂，裂片常有2~3个圆齿，表面绿色，无毛，背面淡绿色至粉绿色，被短柔毛或近无毛；叶柄基部有鞘。茎生叶数枚，一至二回三出复叶，向上渐变小。③花3~7朵，倾斜或微下垂；苞片三全裂；萼片黄绿色，长椭圆状卵形，顶端微钝，疏被柔毛；花瓣瓣片与萼片同色，直立，倒卵形，比萼片稍长或稍短，顶端近截形，距直或微弯，雄蕊伸出花外，花药长椭圆形，黄色；心皮密被伸展的腺状柔毛，花柱比子房长或等长。④蓇葖果；种子黑色，狭倒卵形，具微凸起的纵棱。

花期5~7月，果期7~8月。

药用价值： 全草入药，药材名为楼斗菜，"活血调经，凉血止血，清热解毒，主治痛经，崩漏，痢疾。"（《中药大辞典》）

位置： 趵突泉校区药圃（趵D13）。

草径幽深捂捂遮，熏风暖日翠丛芽。绿衣七彩马蹄叶，锦瓣五颜猫爪花。
雨洗新妆斜佩露，春蒸妙舞半披霞。灿黄萼片红而紫，田野救荒入百家。
　　　　　　　　　　　　　——佚名《紫花楼斗菜》

　　楼斗菜，生辉县太行山山野中。小科苗就地丛生，苗高一尺许，茎梗细弱，叶似牡
丹叶而小，其头颇团，味甜。

　　　　　　　　　　　　　　　　　　　　——明·朱橚《救荒本草》

jí cài
蕺菜 （《名医别录》）

三白草科蕺菜属

鱼腥草、菹子（《本草纲目》），菹菜（《新修本草》），蕺（《名医别录》），岑草（《吴越春秋》），紫蕺《救急易方》，紫背鱼腥草（《履巉岩本草》），侧耳根、折耳根、肺形草（贵州），臭腥草（《泉州本草》），九节莲（《岭南采药录》）

***Houttuynia cordata* Thunb**

特征：①腥臭草本，茎下部伏地，节上轮生小根，上部直立，无毛或节上被毛，有时带紫红色。②叶薄纸质，有腺点，背面尤甚，卵形或阔卵形，顶端短渐尖，基部心形，两面有时除叶脉被毛外余均无毛，背面常呈紫红色；叶脉5~7条，全部基出或最内1对离基约5毫米从中脉发出；托叶膜质，顶端钝，下部与叶柄合生而成鞘，且常有缘毛，基部扩大，略抱茎。③总苞片长圆形或倒卵形，顶端钝圆；雄蕊长于子房。④蒴果，顶端有宿存的花柱。

花期4~7月。

药用价值：新鲜全草或干燥地上部分入药，药材名为鱼腥草，"清热解毒，消痈排脓，利尿通淋，用于肺痈吐脓，痰热喘咳，热痢，热淋，痈肿疮毒。"（《中国药典》）

位置：趵突泉校区药圃（趵 D13）。

　　蕺字，段公路《北户录》作蕺，音戢，秦人谓之菹子，菹、蕺音相近也。其叶腥气，故俗呼为鱼腥草。案赵叔文医方云，鱼腥草即紫蕺，叶似荞，其状三角，一边红，一边青，可以养猪。又有五蕺，即五毒草，花叶相似，但根似狗脊。

——明·李时珍《本草纲目》

博落回 （《植物名实图考长编》）

罂粟科博落回属

勃逻回、勃勒回、落回（四川），菠萝筒（福建），喇叭筒、喇叭竹、山火筒、空洞草、山梧桐（浙江），号筒杆、号筒管、号筒树、号筒草（安徽、江西、福建、湖北、湖南、广西、贵州），大叶莲（江西），野麻杆（河南），黄杨杆（湖北），三钱三（广西），黄薄荷（贵州）

***Macleaya cordata* (Willd.) R. Br.**

特征：①直立草本，基部木质化，具乳黄色浆汁，茎绿色，光滑，多白粉，中空，上部多分枝。②叶片宽卵形或近圆形，先端急尖、渐尖、钝或圆形，裂片半圆形、方形、兰角形或其他，边缘波状、缺刻状、粗齿或多细齿，表面绿色，无毛，背面多白粉，被易脱落的细绒毛，细脉网状，常呈淡红色。③大型圆锥花序多花，顶生和腋生；苞片狭披针形。花芽棒状，近白色；萼片倒卵状长圆形，舟状，黄白色；花瓣无。④蒴果狭倒卵形或倒披针形，先端圆或钝，基部渐狭，无毛。种子卵珠形，生于缝线两侧，无柄，种皮具排成行的整齐的蜂窝状孔穴，有狭的种阜。

花果期 6~11 月。

药用价值：带根全草入药，药材名为博落回，"散瘀，祛风，解毒，止痛，杀虫，主治一切恶疮，顽癣，湿疹，蛇虫咬伤，跌打肿痛，风湿痹痛。"（《中药大辞典》）

位置：趵突泉校区药圃（趵 D13 ）。

　　博落回、生江南山谷，茎叶如蓖麻，茎中空，吹之作声，如博落回，折之有黄汁，药人立死，不可轻用入口。

——唐·陈藏器《本草拾遗》

　　湖南长沙亦多……四、五月有花生梢间，长四五分，色白，不开放，微似南天烛。

——清·吴其浚《植物名实图考长编》

dì dīng cǎo
地丁草 （《中国高等植物图鉴》）

罂粟科紫堇属

紫堇、彭氏紫堇（《北京植物志》），地丁、小根地丁（辽宁），布氏地丁（《东北药用植物图志》），苦地丁（《中药志》），地丁紫堇、苦丁，紫花地丁（辽宁、内蒙古、河北），扁豆秧（辽宁、河北），小鸡菜（山东）

***Corydalis bungeana* Turcz.**

特征： ①二年生草本，具主根。②茎自基部铺散分枝，灰绿色，具棱。基生叶多数，叶柄约与叶片等长，基部多少具鞘，边缘膜质。③叶片上面绿色，下面苍白色，二至三回羽状全裂，一回羽片 3~5 对，具短柄，二回羽片 2~3 对，顶端分裂成短小的裂片，裂片顶端圆钝。茎生叶与基生叶同形。④总状花序，多花，先密集，后疏离，果期伸长。苞片叶状，具柄至近无柄。花梗短，萼片宽卵圆形至三角形，具齿，常早落。花粉红色至淡紫色，平展。外花瓣顶端多少下凹，具浅鸡冠状突起，边缘具浅圆齿。上花瓣稍向上斜伸，末端多少囊状膨大；下花瓣稍向前伸出；爪向后渐狭，稍长于瓣片。内花瓣顶端深紫色。⑤蒴果椭圆形，下垂，具 2 列种子。种子边缘具 4~5 列小凹点。

药用价值： 全草入药，药材名为苦地丁，"清热解毒，散结消肿，用于时疫感冒，咽喉肿痛，疔疮肿痛，痈疽发背，疖腮丹毒。"（《中国药典》）

位置： 趵突泉校区药圃（趵 D13）。

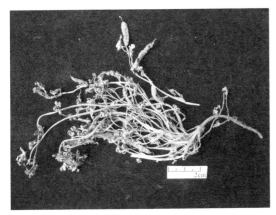

地丁草与紫花地丁常容易混淆，在很多地区甚至将两者混为一谈。具体来说，地丁草植株较高，茎从基部开始分枝，上面具有棱。而紫花地丁无地上茎，植株整体高度比地丁草矮。地丁草的花色为粉红色至淡紫色，外花瓣顶端下凹，具浅鸡冠状突起，边缘具浅圆齿。紫花地丁花色多为淡紫色、紫堇色，稀呈白色，喉部色较淡并带有紫色条纹。

（曹冰、赵宇）

药材图——苦地丁

yú měi rén
虞美人（《花镜》《广群芳谱》）

罂粟科罂粟属

丽春花（《本草纲目》），赛牡丹、锦被花（《游默斋花谱》），百般娇、蝴蝶满园春（《花镜》），虞美人花（云南）

Papaver rhoeas L.

特征：①一年生草本，全体被伸展的刚毛，茎直立，具分枝，被淡黄色刚毛。②叶互生，叶片轮廓披针形或狭卵形，羽状分裂，下部全裂，全裂片披针形和二回羽状浅裂，上部深裂或浅裂、裂片披针形，最上部粗齿状羽状浅裂，顶生裂片通常较大，小裂片先端均渐尖，两面被淡黄色刚毛；下部叶具柄，上部叶无柄。③花单生于茎和分枝顶端；花梗被淡黄色平展的刚毛。花蕾长圆状倒卵形，下垂；萼片2片，宽椭圆形，绿色，外面被刚毛；花瓣4，圆形、横向宽椭圆形或宽倒卵形，全缘，稀圆齿状或顶端缺刻状，紫红色，基部通常具深紫色斑点；雄蕊多数，花丝丝状，深紫红色，花药长圆形，黄色；子房倒卵形，无毛，柱头5~18条，辐射状，连合成扁平、边缘圆齿状的盘状体。④蒴果宽倒卵形，无毛，具不明显的肋。种子多数呈肾状长圆形。

花果期3~8月。

药用价值：全草、花或果实入药，药材名为丽春花，"镇咳，镇痛，止泻，主治咳嗽，偏头痛，腹痛，痢疾。"（《中华本草》）

位置：趵突泉校区药圃（趵D13）。

　　霸王别姬的故事想必大家都耳熟能详，虞姬也被称为虞美人，霸王别姬为虞美人这种花卉赋予了悲情、凄美的色彩。虞美人的花语也是衍生于虞姬的故事，象征着生离死别，寓意离别和不舍。

（岳家楠）

sōng lán

菘 蓝 （《唐本草》）

十字花科菘蓝属

Isatis indigotica **Fortune**

特征： ①二年生草本，茎直立，绿色，顶部多分枝，植株光滑无毛，带白粉霜。②基生叶莲座状，长圆形至宽倒披针形，顶端钝或尖，基部渐狭，全缘或稍具波状齿，具柄；基生叶蓝绿色，长椭圆形或长圆状披针形，基部叶耳不明显或为圆形。③萼片宽卵形或宽披针形；花瓣黄白，宽楔形，顶端近平截，具短爪。④短角果近长圆形，扁平，无毛，边缘有翅；果梗细长，微下垂。种子长圆形，淡褐色。

　　花期 4~5 月，果期 5~6 月。

药用价值： 叶入药，药材名为大青叶，"清热解毒，凉血消斑，用于温病高热，神昏，发斑发疹，痄腮，喉痹，丹毒，痈肿。"根入药，药材名为板蓝根，"清热解毒，凉血利咽，用于温疫时毒，发热咽痛，温毒发斑，痄腮，烂喉丹痧，大头瘟疫，丹毒，痈肿。"叶或茎叶经加工制得的干燥粉末或团块入药，药材名为青黛，"清热解毒，凉血消斑，泻火定惊，用于温毒发斑，血热吐衄，胸痛咳血，口疮，痄腮，喉痹，小儿惊痫。"（《中国药典》）

位置： 趵突泉校区药圃（趵 D13）、幼儿园（趵 A13）。

药材图——板蓝根

　　"青,取之于蓝,而青于蓝。"《劝学》里提到的青就是靛青,也叫靛蓝,是最古老的染料之一。而蓝指蓝草,据考证包括十字花科植物菘蓝、爵床科植物马蓝、蓼科植物蓼蓝、豆科植物木蓝等。靛青就是蓝草的叶或茎叶浸沤而成的液体,继续加工制得的干燥粉末或团块就是青黛。

（曹冰）

dì yú
地 榆 （《神农本草经》）

蔷薇科地榆属

黄爪香、玉札、山枣子（《中国植物志》），山红枣根（河北），赤地榆、紫地榆（《中药志》），涩地榆、枣儿红（贵州），岩地芰、红地榆（湖南），白地榆、鼠尾地榆、水橄榄根、花椒地榆、线形地榆、水槟榔、山枣参、黄根子、蕨苗参（云南）

***Sanguisorba officinalis* L.**

特征： ①多年生草本，根多呈纺锤形。②奇数羽状复叶，叶柄基部膨大而抱茎；小叶片卵形或长圆状卵形，边缘有圆而锐的锯齿；小叶柄基部有小托叶；茎生叶托叶抱茎，半卵形，外侧边缘有尖锐锯齿。③顶生圆柱形的穗状花序，每花有小苞片 2 片；萼裂片 4 片，花瓣状，紫红色；无花瓣；雄蕊 4 枚，花药黑紫色；子房无毛或基部微被毛，柱头顶端扩大，盘形，边缘具流苏状乳头。④瘦果卵状，具 4 棱，褐色，包于宿存萼内。

花期 6~7 月，果期 8~9 月。

药用价值： 根入药，药材名为地榆，"凉血止血，解毒敛疮，用于便血，痔血，血痢，崩漏，水火烫伤，痈肿疮毒。"（《中国药典》）

位置： 趵突泉校区药圃（趵 D13）。

　　地榆，生桐柏及冤句山谷，今处处有之。宿根三月内生苗，初生布地，茎直，高三四尺；对分出叶，叶似榆少狭，细长，作锯齿状，青色；七月开花如椹子，紫黑色；根外黑里红，似柳根。二月、八月采，暴干。叶不用，山人乏茗时，采此叶作饮亦好，古断下方多用之。

——宋·苏颂《本草图经》

药材图——地榆

补骨脂（《雷公炮炙论》）

豆科补骨脂属

胡韭子（《南州记》），婆固脂、破故纸（《药性论》），补骨鸱（《本草图经》），黑故子、胡故子（《中药志》），吉固子（江西），黑固脂（云南）。（"补骨脂"多认为是梵语"Vakuci"的音译名）

Psoralea corylifolia Linn.

特征：①一年生直立草本，枝坚硬，疏被白色绒毛，有明显腺点。②叶为单叶；托叶镰形；叶柄有腺点。叶宽卵形，先端钝或锐尖，基部圆形或心形，边缘有粗而不规则的锯齿，质地坚韧，两面有明显黑色腺点，被疏毛或近无毛。③花序腋生，组成密集的总状或小头状花序，总花梗被白色柔毛和腺点；苞片膜质，披针形，被绒毛和腺点；花萼被白色柔毛和腺点，萼齿披针形，下方一个较长，花冠黄色或蓝色，花瓣明显具瓣柄，旗瓣倒卵形。④荚果卵形，具小尖头，黑色，表面具不规则网纹，不开裂，果皮与种子不易分离；种子扁。

花、果期 7~10 月。

药用价值：果实入药，药材名为补骨脂，"温肾助阳，纳气平喘，温脾止泻；外用消风祛斑，用于肾阳不足，阳痿遗精，遗尿尿频，腰膝冷痛，肾虚作喘，五更泄泻；外用治白癜风，斑秃。"（《中国药典》）

位置：趵突泉校区药圃（趵 D13）。

补骨脂，生广南诸州及波斯国，今岭外山坂间多有之，不及蕃舶者佳。茎高三四尺，叶似薄荷，花微紫色，实如麻子圆扁而黑。九月采，或云胡韭子也。胡人呼若婆固脂，故别名破故纸。今人多以胡桃合服。

——宋·苏颂《本草图经》

jué míng

决明（《神农本草经》）

豆科决明属

钝叶决明（《中药鉴别手册》），草决明、羊明（《吴普本草》），羊角（《广雅》），马蹄决明（《本草经集注》），还瞳子（《医学正传》），狗屎豆（《生草药性备要》），假绿豆《中国药用植物志》，马蹄子、猪骨明、猪屎蓝豆、夜拉子、羊尾豆（南方）

Cassia tora Linn.

特征：①直立、粗壮、一年生亚灌木状草本。②叶柄上无腺体，叶轴上每对小叶间有棒状的腺体1枚，小叶3对，膜质，倒卵形或倒卵状长椭圆形，顶端圆钝而有小尖头，基部渐狭，偏斜，上面被稀疏柔毛，下面被柔毛。③花腋生，通常2朵聚生，萼片稍不等大，卵形或卵状长圆形，膜质，外面被柔毛；花瓣黄色，下面二片略长，能育雄蕊7枚，花药四方形，顶孔开裂，花丝短于花药；子房无柄，被白色柔毛。④荚果纤细，近四棱形，两端渐尖，膜质；种子约25颗，菱形，光亮。

花果期8~11月。

药用价值：种子入药，药材名为决明子，"清热明目，润肠通便，用于目赤涩痛，羞明多泪，头痛眩晕，目暗不明，大便秘结。"（《中国药典》）

位置：趵突泉校区药圃（趵D13）。

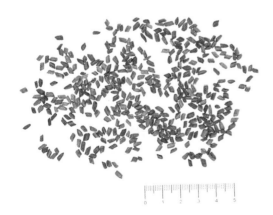

药材图——决明子

马蹄决明，茎高三四尺，叶大于苜蓿，而本小枝多，昼开夜合，两两相帖，秋开淡黄花五出，结角如初生细豇豆，长五六寸，角中子数十粒，参差相连，状如马蹄，青绿色，入眼目药最良。

——明·李时珍《本草纲目》

kǔ shēn

苦 参 （《神农本草经》）

豆科槐属

地槐、苦骨（《本草纲目》），白茎地骨（《新本草纲目》），野槐、山槐（《中草药学》），凤凰爪（广西），川参（贵州），牛参（湖南），地参（《新华本草纲要》）

***Sophora flavescens* Alt.**

特征： ①草本或亚灌木，稀呈灌木状，茎具纹棱，幼时疏被柔毛，后无毛。②羽状复叶，托叶披针状线形，渐尖；小叶 6~12 对，互生或近对生，纸质，椭圆形、卵形、披针形至披针状线形，先端钝或急尖，基部宽楔形或浅心形，上面无毛，下面疏被灰白色短柔毛或近无毛。③总状花序顶生，花多数；花梗纤细；苞片线形，花萼钟状，明显歪斜；花冠白色或淡黄白色，旗瓣倒卵状匙形，先端圆形或微缺，基部渐狭成柄，翼瓣单侧生，强烈皱褶几达瓣片的顶部，柄与瓣片近等长，龙骨瓣与翼瓣相似，雄蕊 10 枚，分离或近基部稍连合；子房被淡黄白色柔毛，花柱稍弯曲。④荚果，种子间稍缢缩，呈不明显串珠状，稍四棱形，疏被短柔毛或近无毛，成熟后开裂成 4 瓣，有种子 1~5 粒；种子长卵形，稍压扁，深红褐色或紫褐色。

花期 6~8 月，果期 7~10 月。

药用价值： 根入药，药材名为苦参，"清热燥湿，杀虫，利尿，用于热痢，便血，黄疸尿闭，赤白带下，阴肿阴痒，湿疹，湿疮，皮肤瘙痒，疥癣麻风；外治滴虫性阴道炎。"（《中国药典》）

位置： 趵突泉校区药圃（趵 D13）。

　　其根黄色，长五七寸许，两指粗细。三五茎并生，苗高三四尺以来。叶碎青色，极似槐叶。春生冬凋。其花黄白，七月结实如小豆子。

——明·李时珍《本草纲目》

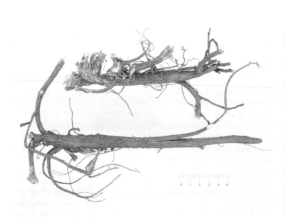

药材图——苦参

huáng qí
黄 耆 （《神农本草经》）

豆科黄耆属

膜荚黄芪（《中国主要植物图说》），黄芪（《汤液本草》），羊肉（《日华子》），绵耆（《本草蒙筌》），百药绵（《药谱》），箭芪（《长学集成》），绵黄芪《全国中草药汇编》），戴椹、独椹、艾草、蜀脂、百本（《名医别录》）

***Astragalus membranaceus* (Fisch.) Bunge**

特征： ①多年生草本，主根肥厚，木质，常分枝，灰白色。②茎直立，上部多分枝，有细棱，被白色柔毛。③羽状复叶有13~27片小叶；小叶椭圆形或长圆状卵形，先端钝圆或微凹，具小尖头或不明显，基部圆形，上面绿色，近无毛，下面被伏贴白色柔毛。④总状花序稍密，有10~20朵花；总花梗与叶近等长或较长，至果期显著伸长；花萼钟状，外面被白色或黑色柔毛；花冠黄色或淡黄色，旗瓣倒卵形，顶端微凹，基部具短瓣柄，翼瓣较旗瓣稍短，瓣片长圆形，基部具短耳，龙骨瓣与翼瓣近等长，瓣片半卵形。⑤荚果薄膜质，稍膨胀，半椭圆形，顶端具刺尖，两面被白色或黑色细短柔毛；种子3~8粒。

花期6~8月，果期7~9月。

药用价值： 根入药，药材名为黄芪，"补气升阳，固表止汗，利水消肿，生津养血，行滞通痹，托毒排脓，敛疮生肌，用于气虚乏力，食少便溏，中气下陷，久泻脱肛，便血崩漏，表虚自汗，气虚水肿，内热消渴，血虚萎黄，半身不遂，痹痛麻木，痈疽难溃，久溃不敛。"（《中国药典》）

位置： 趵突泉校区药圃（趵 D13）。

药材图——黄芪

生蜀郡山谷、白水、汉中，今河东、陕西州郡多有之。根长二三尺以来，独茎，作丛生，枝干去地二三寸，其叶扶疏作羊齿状，又如蒺藜苗。七月中开黄紫花，其实作荚子，长寸许。八月中采根用。

——宋·苏颂《本草图经》

dà   jǐ
大 戟 （《神农本草经》）

大戟科大戟属

京大戟（《北京植物志》），邛钜（《尔雅》），红芽大戟（《小儿药证直诀》），紫大戟（《三因方》），下马仙（《本草纲目》），乳浆草（《植物名实图考》），龙虎草、九头狮子草、将军草、膨胀草、黄芽大戟、千层塔、搜山虎、穿山虎（《中药大辞典》）

***Euphorbia pekinensis* Rupr.**

特征：①多年生草本，根圆柱状，②茎单生或自基部多分枝，被柔毛或被少许柔毛或无毛。③叶互生，常为椭圆形，少为披针形或披针状椭圆形，边缘全缘；主脉明显，侧脉羽状，叶两面无毛或有时叶背具少许柔毛；总苞叶长椭圆形；苞叶2枚，近圆形，先端具短尖头。④花序单生于二歧分枝顶端，无柄；总苞杯状，裂片半圆形，边缘具不明显的缘毛；雄花多数，伸出总苞之外；雌花1枚，具较长的子房柄；子房幼时被较密的瘤状突起；花柱3条，分离；柱头2裂。⑤蒴果球状，被稀疏的瘤状突起，成熟时分裂为3个分果；花柱宿存且易脱落。种子长球状，暗褐色或微光亮，腹面具浅色条纹。

花期5~8月，果期6~9月。

药用价值：根入药，药材名为京大戟，"泻水逐饮，消肿散结，用于水肿胀满，胸腹积水，痰饮积聚，气逆咳喘，二便不利，痈肿疮毒，瘰疬痰核。"（《中国药典》）

位置：趵突泉校区药圃（趵D13）。

　　大戟，泽漆根也。生常山，今近道多有之。春生红芽，渐长作丛，高一尺以来；叶似初生杨柳小团；三月、四月开黄紫花；团圆似杏花，又似芫荽；根似细苦参，皮黄黑，肉黄白色；秋冬采根，阴干。淮甸出者茎圆，高三四尺，花黄，叶至心亦如百合苗。江南生者叶似芍药。

——宋·苏颂《本草图经》

药材图——急性子

fèng xiān huā
凤仙花（《本草纲目》）

凤仙花科凤仙花属

小桃红、夹竹桃、海药、染指甲草（《救荒本草》），旱珍珠（《本草纲目》），透骨草、凤仙草（《珍异药品》），小粉团（《分类草药性》），满堂红（《浙江中药手册》）

***Impatiens balsamina* L.**

特征：①一年生草本，茎肉质，下部节常膨大。②叶互生或螺旋状排列，叶片狭披针形或倒披针形，边缘有锐锯齿；叶柄两侧常有数对黑色腺体。③花单生或 2~3 朵簇生叶腋；花大，单瓣或有时重瓣；侧生萼片 2 片，旗瓣圆形，顶端凹，具绿色短尖，背面中肋有狭龙骨状突起；翼瓣二裂；唇瓣深舟状；子房纺锤状，喙尖，被密柔毛。④蒴果纺锤状，密被柔毛。成熟时果瓣弹裂。

花期 7~9 月，果期 8~10 月。

药用价值：种子入药，药材名为急性子，"破血，软坚，消积，用于癥瘕痞块，经闭，噎膈。"（《中国药典》）

茎入药，药材名为凤仙透骨草，"祛风湿，活血止痛，解毒，用于风湿痹痛，跌打肿痛，闭经，痛经，痈肿，丹毒，鹅掌风，蛇虫咬伤。"（《中华本草》）

位置：趵突泉校区药圃（趵 D13）。

　　凤仙人家多种之，极易生。二月下子，五月可再种。苗高二三尺，茎有红、白二色，其大如指，中空而脆。叶长而尖，似桃柳叶而有锯齿。桠间开花，或黄或白，或红或紫，或碧或杂色，亦自变易，状如飞禽，自夏初至秋尽，开谢相续。结实累然，大如樱桃，其形微长，色如毛桃，生青熟黄，犯之即自裂，皮卷如拳，苞中有子似萝卜子而小，褐色。人采其肥茎沟酯，以充莴笋。嫩华酒，浸一宿，亦可食。但此草不生虫蠹，蜂蝶亦不近，恐亦不能无毒也。

——明·李时珍《本草纲目》

jīn kuí
锦 葵（《尔雅注》、《群芳谱》）

锦葵科锦葵属

荍（《诗经》），蚍衃（《尔雅》），荆葵（陆玑《诗疏》），钱葵（《草花谱》），旌节花（《植物名实图考》），麦秸花、小钱花（江苏），小熟季花（陕西），茄化、冬苋菜（贵州），小白淑气花、淑气花、棋盘花（云南），冬寒菜（广东）

***Malva sinensis* Cavan.**

特征：①二年生直立草本，茎疏被粗毛，②叶圆心形，有 5~7 片圆齿状钝裂片，边缘有圆锯齿，叶柄上面槽内被长硬毛；托叶偏斜，卵形，有锯齿，先端渐尖。③3~11 花簇生于叶腋；副萼 3 片，长圆形，先端圆形，疏生柔毛；萼杯状，裂片 5 片，两面均有星状疏柔毛；花冠紫红色，花瓣 5 片，先端微缺，爪有髯毛；花柱分枝 9~11 条，被微细毛。④果扁圆形，分果爿 9~11 个，肾形，有柔毛；种子黑褐色，肾形。
花果期 5~10 月。

药用价值：花、茎、叶入药，药材名为锦葵，"利尿通便，清热解毒，主治大小便不畅，带下，淋巴结结核，咽喉肿痛。"（《中华本草》）

位置：趵突泉校区药圃（趵 D13）。

　　锦葵……今荆葵也，似葵紫色，小草多华少叶，叶又翘起……华紫绿色，可食，微苦。按花亦有白色者，逐节舒葩，人或谓之旌节花。

——清·吴其浚《植物名实图考》

yuè jiàn cǎo

月见草 （《华北经济植物志要》）

柳叶菜科月见草属

山芝麻、夜来香（东北土名）

***Oenothera biennis* L.**

特征：①二年生草本，茎被白色长柔毛。②叶片披针形，边缘有不明显的锯齿，两面被毛。③花黄色，单生于上部叶腋，排成近穗状；无梗；萼筒长约 3.5 厘米；裂片 4 片，披针形，花后反折，外面被毛及腺毛；花瓣 4 片，倒卵状三角形，先端微凹；雄蕊 8 枚；子房下位，4 室，花柱细长，柱头 4 裂。④蒴果长圆形，疏生细长毛，成熟时 4 瓣裂；种子有棱，在果内水平排列。

花果期 6~9 月。

药用价值：根入药，药材名为月见草，"强筋骨，祛风湿，治风湿症，筋骨疼痛。"（《中药大辞典》）

位置：趵突泉校区药圃（趵 D13）。

　　月见草的花语是默默的爱和不羁的心。因为它是在晚上默默开花的，不希望被别人发现，只让月亮欣赏自己的美丽，所以就有了默默的爱这个花语。一些女孩会选择将月见草送给暗恋的男孩，以此表达对男孩的爱意。

（岳家楠）

bái zhǐ
白 芷 （《神农本草经》）

伞形科当归属

兴安白芷（《中国高等植物图鉴》），大活、香大活、走马芹、走马芹筒子（东北），河北独活（《北京植物志》），狼山芹（黑龙江）

Angelica dahurica (Fisch. ex Hoffm.) Benth. et Hook. f. ex Franch. et Sav.

特征：①多年生高大草本，根圆柱形，有分枝，外表皮黄褐色至褐色，有浓烈气味。茎基部通常带紫色，中空，有纵长沟纹。②基生叶一回羽状分裂，有长柄，叶柄下部有管状抱茎边缘膜质的叶鞘；茎上部叶二至三回羽状分裂，叶片轮廓为卵形至三角形，下部为囊状膨大的膜质叶鞘，无毛或稀有毛，常带紫色；末回裂片长圆形，卵形或线状披针形，边缘有不规则的白色软骨质粗锯齿，基部两侧常不等大，沿叶轴下延成翅状。③复伞形花序顶生或侧生；花白色；无萼齿；花瓣倒卵形，顶端内曲成凹头状。④果实长圆形至卵圆形，黄棕色，有时带紫色，无毛，背棱扁，厚而钝圆，近海绵质，远较棱槽为宽，侧棱翅状，较果体狭。

花期7~8月，果期8~9月。

药用价值：根入药，药材名为白芷，"解表散寒，祛风止痛，宣通鼻窍，燥湿止带，消肿排脓，用于感冒头痛，眉棱骨痛，鼻塞流涕，鼻鼽，鼻渊，牙痛，带下，疮疡肿痛。"（《中国药典》）

位置：趵突泉校区药圃（趵 D13）。

白芷……今所在有之，吴地尤多。根长尺余，白色，粗细不等。枝干去地五寸以上。春生叶，相对婆娑，紫色，阔三指许。花白微黄，入伏后结子，立秋后苗枯。

——宋·苏颂《本草图经》

药材图——白芷

bǎi chái hú

北柴胡（《中药志》）

伞形科柴胡属

竹叶柴胡（《植物名实图考》），硬苗柴胡（东北），韭叶柴胡（安徽），狗头柴胡（山东），柴草（《品汇精要》），茈胡、地薰（《神农本草经》），山菜、茹草（《吴普本草》）

***Bupleurum chinense* DC.**

特征：①多年生草本，主根较粗大，棕褐色，质坚硬。茎单一或数茎，表面有细纵槽纹，上部多回分枝，微作之字形曲折。②基生叶倒披针形或狭椭圆形，顶端渐尖，基部收缩成柄；茎中部叶倒披针形或广线状披针形，顶端渐尖或急尖，有短芒尖头，基部收缩成叶鞘抱茎，叶表面鲜绿色，背面淡绿色，常有白霜；茎顶部叶同形，但更小。③复伞形花序很多，花序梗细，常水平伸出，形成疏松的圆锥状；花瓣鲜黄色，上部向内折，中肋隆起，小舌片矩圆形，顶端2浅裂；花柱基深黄色，宽于子房。④果广椭圆形，棕色，两侧略扁，棱狭翼状，淡棕色。

花期9月，果期10月。

药用价值：根入药，药材名为柴胡，"疏散退热，疏肝解郁，升举阳气，用于感冒发热，寒热往来，胸胁胀痛，月经不调，子宫脱垂，脱肛。"（《中国药典》）

位置：趵突泉校区药圃（趵D13）。

药材图——柴胡

　　柴胡，生洪农山谷及冤句，今关陕、江湖间近道皆有之，以银州者为胜。二月生苗，甚香。茎青紫，叶似竹叶，稍紧；亦有似斜蒿；亦有似麦门冬而短者。七月开黄花，生丹州结青子，与他处者不类；根赤色，似前胡而强，芦头有赤毛如鼠尾，独窠长者好。二月、八月采根，暴干。

——宋·苏颂《本草图经》

fáng fēng

防风 （《神农本草经》）

伞形科防风属

北防风、关防风（东北），铜芸（《神农本草经》），茴芸、茴草、百枝、间根、百蜚（《吴普本草》），屏风（《名医别录》），风肉（《药材资料汇编》）

Saposhnikovia divaricata (Trucz.) Schischk.

特征： ①多年生草本，根粗壮，细长圆柱形，分歧，淡黄棕色。根头处被有纤维状叶残基及明显的环纹。②茎单生，自基部分枝较多，斜上升，与主茎近于等长，有细棱。③基生叶丛生，有扁长的叶柄，基部有宽叶鞘。叶片卵形或长圆形，二回或近于三回羽状分裂，第一回裂片卵形或长圆形，有柄，第二回裂片下部具短柄，末回裂片狭楔形。茎生叶与基生叶相似，较小，顶生叶简化，有宽叶鞘。④复伞形花序多数，生于茎和分枝；无总苞片；小总苞片线形或披针形，先端长，萼齿短三角形；花瓣倒卵形，白色，无毛，先端微凹，具内折小舌片。⑤双悬果狭圆形或椭圆形，幼时有疣状突起，成熟时渐平滑。

　　花期 8~9 月，果期 9~10 月。

药用价值： 根入药，药材名为防风，"祛风解表，胜湿止痛，止痉，用于感冒头痛，风湿痹痛，风疹瘙痒，破伤风。"（《中国药典》）

位置： 趵突泉校区药圃（趵 D13）。

药材图——防风

防风，生沙苑川泽及邯郸上蔡，今京东、淮、浙州郡皆有之。根土黄色，与蜀葵根相类。茎叶俱青绿色，茎深而叶淡，似青蒿而短小，初时嫩紫，作菜茹，极爽口。五月开细白花，中心攒聚，作大房，似莳萝花。实似胡荽而大。二月、十月采根，暴干。关中生者，三月、六月采。然轻虚不及齐州者良。

——宋·苏颂《本草图经》

shān hú cài

珊 瑚 菜 （《江淮杂记》）

伞形科珊瑚菜属

北沙参（《本草汇言》），真北沙参（《卫生易简方》），海沙参（河北、江苏），莱阳参（山东、江苏），银条参（江苏），辽沙参（辽宁），野香菜根（《中药材手册》）

Glehnia littoralis **Fr. Schmidt ex Miq.**

特征： ①多年生草本，全株被白色柔毛。根细长，圆柱形或纺锤形，表面黄白色。茎露于地面部分较短，分枝，地下部分伸长。②叶多数基生，厚质，有长柄；叶片轮廓呈圆卵形至长圆状卵形，叶柄和叶脉上有细微硬毛。③复伞形花序顶生，密生浓密的长柔毛，花序梗有时分枝，不等长；无总苞片；小总苞数片，线状披针形，边缘及背部密被柔毛；花瓣白色或带堇色；花柱基短圆锥形。④果实近圆球形或倒广卵形，密被长柔毛及绒毛，果棱有木栓质翅；分生果的横剖面半圆形。

花果期 6~8 月。

药用价值： 根入药，药材名为北沙参，"养阴清肺，益胃生津，用于肺热燥咳，劳嗽痰血，胃阴不足，热病津伤，咽干口渴。"（《中国药典》）

位置： 趵突泉校区药圃（趵 D13）。

药材图——北沙参

　　沙参，古无南北之分，明以前所用均为桔梗科沙参属（Adenophora）植物的根，即今之南沙参。至《卫生易简方》始见"真北沙参"之名。之后《本经逢原》直谓沙参"有南北二种"，曰："北者质坚性寒，南者体虚力微。"与今之南、北沙参相近。
　　　　　　　　　　　　　　　　　　　　　　　　　　——《中华本草》

biàn sè bái qián

变色白前 （《东北植物检索表》）

萝藦科鹅绒藤属

白龙须、白马尾（北京）；蔓白薇（《中药志》），半蔓白薇（《东北药用植物原色图志》）；白花牛皮消（《中国药用植物图鉴》）；蔓生白薇（俗称）

***Cynanchum versicolor* Bunge**

特征：①多年生草本，全株被绒毛；根茎短，簇生须根。茎下部直立，上部缠绕。②叶对生，卵形，先端尖，全缘，基部圆形，两面被灰黄色绒毛，叶下面及叶缘较密。③伞状聚伞花序腋生；④花萼裂片5片，披针形，外被柔毛，内面基部有5枚小腺体；花冠近钟形，5深裂，副花冠5裂，裂片三角形，先端圆，暗紫色；雄蕊5枚；子房上位。⑤蓇葖果常单生，角状宽披针形；种子多数，扁卵形，暗褐色。

花期5~7月，果期7~9月。

药用价值：根及根茎入药，药材名为白薇，"清热凉血，利尿通淋，解毒疗疮，用于温邪伤营发热，阴虚发热，骨蒸劳热，产后血虚发热，热淋，血淋，痈疽肿毒。"（《中国药典》）

位置：趵突泉校区药圃（趵D13）。

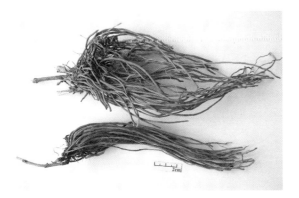

按白薇与白前，自古就有混淆，但两者生境不同。白薇生川谷，白前生溪边、洲渚沙碛，可资区别。（二者皆为中药白薇的原植物）

——《中药大辞典》

药材图——白薇

huá běi bái qián
华 北 白 前 （《中国高等植物图鉴》）

萝藦科鹅绒藤属

对叶草、牛心朴、牛心秧、瓢柴（《中国沙漠地区药用植物》），侧花徐长卿（《青藏高原药物图鉴》），阔叶徐长卿（《全国中草药汇编》）

***Cynanchum hancockianum* (Maxim.) Al. Iljinski**

特征：①多年生直立草本，根须状，茎被有单列柔毛及幼嫩部分有微毛外，余皆无毛，单茎或略有分枝。②叶对生，薄纸质，卵状披针形，顶端渐尖，基部宽楔形；侧脉约 4 对；顶端腺体成群。③伞形聚伞花序腋生，比叶为短，着花不到 10 朵；花萼 5 深裂，内面基部有小腺体 5 个；花冠紫红色，裂片卵状长圆形；花粉块每室 1 个，下垂；副花冠肉质、裂片龙骨状，在花药基部贴生；柱头圆形，略为突起。④蓇葖双生，狭披针形，向端部长渐尖，基部紧窄，外果皮有细直纹；种子黄褐色，扁平，长圆形；种毛白色绢质。

花期 5~7 月，果期 6~8 月。

药用价值：根及全草入药，药材名为牛心朴，"活血止痛，主治关节疼痛，牙痛，秃疮。"（《中华本草》）

位置：趵突泉校区药圃（趵 D13）。

牛心朴子是一种重要的野生牧草，生于荒漠草原带及荒漠带的半固定沙丘、沙质平原等地。该植物植株青嫩时有毒，牲畜不吃，秋冬季节可做干草。因其植株富含的生物碱对蚜虫、菜青虫、小菜蛾等有毒杀作用，且生长分布广泛，因此是一种非常理想的植物源农药资源。我国已研制出其生物碱的提取工艺，并实现了规模化生产，投入使用后反响良好。

（曲勇晓）

药材图——薄荷

bò hé
薄 荷 （《植物名实图考》）

唇形科薄荷属

蕃荷菜（《千金方》），菝荷、吴菝荷（《食性本草》），南薄荷（《本草衍义》），野薄荷、升阳菜（《滇南本草》），夜息香（山东），仁丹草、见肿消（江苏），水薄荷、水益母、接骨草（云南），土薄荷、鱼香草、香薷草（四川）

***Mentha haplocalyx* Briq.**

特征：①多年生草本，有香气。根茎横走，茎方形，具倒生短毛及腺点。②单叶对生，叶片长卵形或卵状披针形，边缘有尖锯齿，被柔毛，背面有透明腺点，有柄。③轮伞花序腋生；苞片披针形，花萼钟状；花冠粉白色或淡紫色，先端4裂；雄蕊4枚；雌蕊1枚，子房4裂。④小坚果长圆状卵形，平滑。

花期8~9月，果期10月。

药用价值：全草入药，药材名为薄荷，"疏散风热，清利头目，利咽，透疹，疏肝行气，用于风热感冒，风温初起，头痛，目赤，喉痹，口疮，风疹，麻疹，胸胁胀闷。"（《中国药典》）

蒸馏制得的挥发油称为薄荷油，"疏风，清热，主治外感风热，头痛目赤，咽痛，齿痛、皮肤风痒。"蒸馏液称为薄荷露，"散风热，清头目，主治风热客表，头痛，目赤，发热，咽痛，牙痛。"薄荷油经重结晶制得薄荷脑，"疏风，清热，主治风热感冒，头痛，目赤，咽喉肿痛，齿痛，皮肤瘙痒。"（《中华本草》）

位置：趵突泉校区药圃（趵 D13）、幼儿园（趵 A13）。

薄荷，人多栽莳。二月宿根生苗，清明前后分之。方茎赤色，其叶对生，初莳形长而头圆，及长则尖。吴、越、川、湖人多以代茶。苏州所莳者，茎小而气芳，江西者稍粗，川蜀者更粗，入药以苏产为胜。

——明·李时珍《本草纲目》

yì mǔ cǎo
益母草

唇形科益母草属

益母蒿、坤草（北方各省），地母草、灯笼草、野麻（云南），红梗玉米膏、黄木草、玉米草（河北），铁麻干、野芝麻、溪麻、六角天麻（浙江），野麻、九重楼、野天麻、益母花、童子益母草（江苏）

***Leonurus artemisia* (Laur.) S. Y. Hu**

特征：①一年生或二年生草本，茎直立，方形，被短毛。②基生叶具长柄，近圆形；茎生叶掌状3深裂成线形，近无柄。③轮伞花序腋生；苞片刚毛状；花萼钟状；花冠红紫色，唇形，上下唇几等长，上唇长圆形，有缘毛，下唇3裂，花冠外面密被白色绒毛；2枚强雄蕊；雌蕊1枚，子房4深裂，花柱细长，柱头2裂。④小坚果三棱状，表面平滑。

花期6~8月，果期8~9月。

药用价值：地上部分入药，药材名为益母草，"活血调经，利尿消肿，清热解毒，用于月经不调，痛经经闭，恶露不尽，水肿尿少，疮疡肿毒。"果实入药，药材名为茺蔚子，"活血调经，清肝明目，用于月经不调，经闭痛经，目赤翳障，头晕胀痛。"（《中国药典》）

花入药，药材名为益母草花，"养血，活血，利水，主治贫血，疮疡肿毒，血滞经闭，痛经，产后淤阻腹痛，恶露不下。"（《中华本草》）

位置：趵突泉校区药圃（趵D13）。

有个关于益母草的小故事：一个孝子没有钱治疗母亲瘀血腹痛的疾病，只能偷偷跟着医生去采草药，慢慢地母亲的病就治好了。百善孝为先，母亲用她无私的爱养育她的孩子，这种爱是最纯真的，是不求回报的。希望我们珍惜陪伴父母的时光，父母在人生尚有来处，父母去人生只剩归途。

（岳家楠）

药材图——益母草

药材图——茺蔚子

dān shēn

丹 参 （《神农本草经》）

唇形科鼠尾草属

赤参、逐乌（《名医别录》），郁蝉草（《神农本草经》），木羊乳（《吴普本草》），奔马草（《本草纲目》），大红袍、壬参、紫丹参（河北），红根、赤参、红根赤参（四川），夏丹参（江西），五凤花、阴行草（浙江），活血根、大叶活血丹（江苏）

Salvia miltiorrhiza **Bunge**

特征：①多年生草本，全株被腺毛，根肥壮，外皮砖红色。②茎直立，方形，多分枝，表面有纵沟。③叶对生，奇数羽状复叶，小叶 3~5 片，卵形或椭圆形，两面密被柔毛。④总状花序顶生或腋生；花萼钟状；花冠蓝紫色，二唇形；能育雄蕊 2 枚，药隔横展，上臂细长；雌蕊 1 枚，子房 4 裂，柱头 2 裂。⑤小坚果椭圆形，黑色。

花期 5~7 月，果期 7~8 月。

药用价值：根和根茎入药，药材名为丹参，"活血祛瘀，通经止痛，清心除烦，凉血消痈，用于胸痹心痛，脘腹胁痛，癥瘕积聚，热痹疼痛，心烦不眠，月经不调，痛经经闭，疮疡肿痛。"（《中国药典》）

位置：趵突泉校区药圃（趵 D13）、幼儿园（趵 A13）。

处处山中有之，一枝五叶，
叶如野苏而尖，青色，皱毛。
小花成穗如蛾形，中有细子，
其根皮丹而肉紫。
——明·李时珍《本草纲目》

二月生苗，高一尺许，茎
方有棱，青色；叶相对，如薄
荷而有毛；三月至九月开花成
穗红紫色，似苏花；根赤，大
者如指，长尺余，一苗数根。
——宋·苏颂《本草图经》

药材图——丹参

dì sǔn
地笋 （硬毛变种）（《植物名实图考》）

唇形科地笋属

毛叶地瓜儿苗（《植物名实图考》），泽兰（东北、河北、江苏、福建、湖南、广西），矮地瓜苗（吉林），地环子、地石蚕、地瘤（陕西），冷草、地牛七、山螺丝（湖北），方梗草、竹节草、水香（江苏），假油麻、旱藕、接古草、蛇王草（广东）

***Lycopus lucidus* Turcz. var. *hirtus* Regel**

特征：①多年生草本，根状茎横走，茎直立，②叶长圆状披针形，边缘有粗锐锯齿，两面无毛，下面有凹腺点。③轮伞花序无梗，多花密集呈球形；小苞片卵圆形至披针形；花萼钟形，萼齿5片，披针状三角形，有缘毛；花冠白色，冠筒喉部有白色柔毛，冠檐外部有腺点，稍呈二唇形；雄蕊仅前对能育，超出花冠，后对退化，丝状，先端棍棒状；花柱超出花冠，先端2浅裂，裂片相等。④小坚果倒卵状四边形，褐色，背面平，腹面有棱，有腺点。

花期7~9月，果期9~10月。

药用价值：全草入药，药材名为泽兰，"活血调经，祛瘀消痈，利水消肿，用于月经不调，经闭，痛经，产后瘀血腹痛，疮痈肿毒，水肿腹水。"（《中国药典》）

位置：趵突泉校区药圃（趵D13）。

　　泽兰，与佩兰相似，《本草经集注》中记载："叶微香，可煎油，或生泽傍，故名泽兰。"
《纲目》云："此草亦可为香泽，不独指其生泽旁也。"《本草经考注》亦称之为虎兰，"兰
草柔弱芳香。泽兰方茎强直，不甚香，故名虎兰。凡高大刚刺非常之物以虎名之，虎杖、
虎蓟之类似也。"

huáng qín
黄 芩 （《神农本草经》）

唇形科黄芩属

腐肠（《神农本草经》），黄文、妒妇、虹胜、经芩、印头、内虚（《吴普本草》），空肠（《名医别录》），条芩（《本草纲目》），元芩、土金茶根、山茶根、黄金条根（北方）

Scutellaria baicalensis Georgi

特征：①多年生草本，根茎肥厚，肉质，伸长而分枝。茎基部伏地，上升，钝四棱形，具细条纹，近无毛或被上曲至开展的微柔毛，绿色或带紫色，自基部多分枝。②叶披针形至线状披针形，全缘，上面暗绿色，无毛或疏被贴生至开展的微柔毛，下面色较淡，无毛或沿中脉疏被微柔毛。③花序在茎及枝上顶生，总状，常再于茎顶聚成圆锥花序；苞片下部者似叶，上部者较小，卵圆状披针形至披针形。花冠紫、紫红至蓝色，冠筒近基部明显膝曲，上唇盔状，先端微缺，下唇中裂片三角状卵圆形，两侧裂片向上唇靠合。花丝扁平，花柱细长，先端锐尖，微裂。④小坚果卵球形，黑褐色，具瘤，腹面近基部具果脐。

　　花期7~8月，果期8~9月。

药用价值：根入药，药材名为黄芩，"清热燥湿，泻火解毒，止血，安胎，用于湿温、暑湿，胸闷呕恶，湿热痞满，泻痢，黄疸，肺热咳嗽，高热烦渴，血热吐衄，痈肿疮毒，胎动不安。"（《中国药典》）

位置：趵突泉校区药圃（趵 D13）。

药材图——黄芩

　　黄芩，生秭归山谷及冤句，今川蜀、河东、陕西近郡皆有之。苗长尺余、茎干粗如箸；叶从地四面作丛生，类紫草，高一尺许，亦有独茎者，叶细长青色，两两相对；六月开紫花；根黄，如知母粗细，长四五寸。二月、八月采根，暴干用之。

　　　　　　　　　　　　　　　　　　　　　　　　　　——宋·苏颂《本草图经》

huò xiāng
藿 香 （《嘉祐本草》）

唇形科藿香属

山茴香、红花小茴香、香薷、香荆芥花（河北），把蒿、猫巴蒿、仁丹草、野苏子、拉拉香（辽宁），鱼子苏（湖北），杏仁花（湖南），苏藿香、鸡苏、白薄荷、鱼香、水蔴叶（四川），青茎薄荷（广西），排香草、兜娄婆香（《中国药用植物志》）

***Agastache rugosa* (Fisch. et Mey.) O. Ktze.**

特征：①多年生草本，茎直立，四棱形，上部被极短的细毛，在上部具能育的分枝。②叶心状卵形至长圆状披针形，向上渐小，先端尾状长渐尖，基部心形，边缘具粗齿，上面橄榄绿色，近无毛，下面略淡，被微柔毛及点状腺体。③轮伞花序多花，在主茎或侧枝上组成顶生密集的圆筒形穗状花序。花萼管状倒圆锥形，被腺微柔毛及黄色小腺体，多少染成浅紫色或紫红色，萼齿三角状披针形。花冠淡紫蓝色，外被微柔毛，冠檐二唇形，上唇直伸，先端微缺，下唇3裂，中裂片较宽大，平展，边缘波状。雄蕊伸出花冠，花丝细，扁平，无毛。花柱与雄蕊近等长，丝状，先端相等的2裂。④成熟小坚果卵状长圆形，腹面具棱，先端具短硬毛，褐色。

花期6~9月，果期9~11月。

药用价值：地上部分入药，药材名为藿香，"祛暑解表，化湿和胃，主治夏令感冒，寒热头痛，胸脘痞闷，呕吐泄泻，妊娠呕吐，鼻渊，手、足癣。"（《中药大辞典》）

位置：趵突泉校区药圃（趵D13）。

二月宿根再发，亦可子种。苗似都梁。
方茎业生，中虚外节。叶似荏苏，边有锯齿。
七月擢穗，作花似蓼。房似假苏，子似芜蔚。
五、六月未擢穗时，采茎叶曝干。可着衣中，
用充香草。

——明·卢之颐《本草乘雅半偶》

^{zǐ} ^{sū}
紫苏

唇形科紫苏属

苏、桂荏（《尔雅》），荏、白苏（《名医别录》），荏子、银子（甘肃，河北），红勾苏、聋耳麻、香荽（广东），赤苏（山西，福建），水升麻（湖北），野藿麻（云南）

***Perilla frutescens* (L.) Britt.**

特征： ①一年生草本，茎直立，钝四棱形，密被长柔毛，茎、叶带紫色。②叶对生，叶片阔卵形或近圆形，全缘，基部以上有粗锯齿，有长柄。③总状花序顶生或腋生；苞片宽卵圆形，花萼钟状，喉部有毛环；花冠白色或紫红色，二唇形；雄蕊4枚，稍伸出花冠；花柱顶端2浅裂。④小坚果近球形，有网纹。

花期8~9月，果期9~10月。

药用价值： 干燥叶入药，药材名为紫苏叶，"解表散寒，行气和胃，用于风寒感冒，咳嗽呕恶，妊娠呕吐，鱼蟹中毒。"干燥茎入药，药材名为紫苏梗，"理气宽中，止痛，安胎，用于胸膈痞闷，胃脘疼痛，嗳气呕吐，胎动不安。"果实入药，药材名为紫苏子，"降气化痰，止咳平喘，润肠通便，用于痰壅气逆，咳嗽气喘，肠燥便秘。"（《中国药典》）

位置： 趵突泉校区药圃（趵D13）。

药材图——紫苏叶

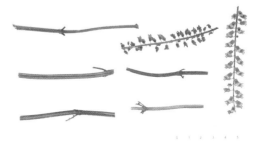

药材图——紫苏梗

吾家大江南，生长惯卑湿。早衰坐辛勤，寒气得相袭。

每愁春夏交，两脚难行立。贫穷医药少，未易办芝术。

人言常食饮，蔬茹不可忽。紫苏品之中，功具神农述。

为汤益广庭，调度宜同橘。结子最甘香，要待秋霜实。

——宋·章甫《紫苏》

máo màn tuó luó
毛曼陀罗 （《药学学报》）

茄科曼陀罗属
北洋金花、软刺曼陀罗（《中药志》），毛花曼陀罗（《中药大辞典》）

***Datura innoxia* Mill.**

特征： ①一年生直立草本或半灌木状，全体密被细腺毛和短柔毛。②茎粗壮，下部灰白色，分枝灰绿色或微带紫色。③叶片广卵形，顶端急尖，基部不对称近圆形，全缘而微波状或有不规则的疏齿。④花单生于枝叉间或叶腋，直立或斜升；花梗初直立，花萎谢后渐转向下弓曲。花萼圆筒状而不具棱角，向下渐稍膨大，5 裂，花后宿存部分随果实增大而渐大呈五角形，果时向外反折；花冠长漏斗状，下半部带淡绿色，上部白色，花开放后呈喇叭状，边缘有 10 尖头。⑤蒴果俯垂，近球状或卵球状，密生细针刺，针刺有韧曲性，全果亦密生白色柔毛，成熟后淡褐色，由近顶端不规则开裂。种子扁肾形，褐色。

花果期 6~9 月。

药用价值： 花入药，药材名为北洋金花，"平喘止咳，解痉定痛；用于哮喘咳嗽，脘腹冷痛，风湿痹痛，小儿慢惊，外科麻醉。"（《山东药用植物志》）

果实或种子入药，药材名为曼陀罗子，"平喘，祛风，止痛，主治喘咳，惊痫，风寒湿痹，脱肛，跌打损伤，疮疖。"（《中药大辞典》）

位置： 趵突泉校区药圃（趵 D13）。

曼陀罗的叶片顶端尖，基部不对称楔形，边缘有不规则的波状浅裂；花萼筒具五棱；蒴果规则或不规则四瓣裂，常朝上。毛曼陀罗全株密生白色柔毛，叶片顶端急尖，基部不对称近圆形，全缘或有不规则的疏齿，且花萼筒圆筒形，不具棱；蒴果密生细针刺，常下垂。

（曹冰、赵宇）

jiē gǔ cǎo
接 骨 草 （《本草纲目》）

忍冬科接骨木属

蒴藋（《名医别录》），陆英（《神农本草经》），排风藤、铁篱笆（《植物名实图考长编》），英雄草（《分类草药性》），臭草（《草木便方》），苛草（《天宝本草》），走马箭（岭南），排风草（《中国药用植物志》），八棱麻（贵州），七叶麻（江西）

Sambucus chinensis Lindl.

特征：①高大草本或半灌木，茎有棱条，髓部白色。②羽状复叶，小叶 2~3 对，互生或对生，狭卵形，嫩时上面被疏长柔毛，先端长渐尖，基部钝圆，两侧不等，边缘具细锯齿，近基部或中部以下边缘常有一或数枚腺齿。③复伞形花序顶生，大而疏散，总花梗基部托以叶状总苞片；杯形不孕性花不脱落，可孕性花小；萼筒杯状，萼齿三角形；花冠白色，仅基部联合，花药黄色或紫色；子房 3 室，花柱极短或几无，柱头 3 裂。④果实红色，近圆形，核 2~3 粒，卵形，表面有小疣状突起。
花期 4~5 月，果熟期 8~9 月。

药用价值：茎叶入药，药材名为陆英，"祛风除湿，舒筋活血，主治风湿痹痛，中风偏枯，水肿，黄疸，癥积，痢疾，跌打损伤，产后恶露不行，风疹，丹毒，疥癞，扁桃体炎，乳痈。"根入药，药材名为陆英根，"祛风利湿，活血解毒，主治头风痛，腰腿痛，黄疸，水肿，小便不利，脚气，赤白带下，跌打骨折，风疹瘙痒，疮肿。"（《中药大辞典》）

位置：趵突泉校区药圃（趵 D13）。

陆英，生熊耳川谷及冤句。蒴藋不载所出州土，但云生田野，今所在有之。
春抽苗，茎有节，节间生枝；叶大似水芹及接骨，春夏采叶，秋冬采根茎。
或云即陆英也。

——宋·苏颂《本草图经》

jié gěng

桔 梗 （《神农本草经》）

桔梗科桔梗属

房图（《名医别录》），苦梗（《丹溪心法》），符蔰、白药、利如、梗草、卢茹《吴普本草》，大药（江苏），苦桔梗（《本草纲目》），苦菜根（河北），铃铛花

***Platycodon grandiflorus* (Jacq.) A. DC.**

特征： ①多年生草本，有白色乳汁，根肥大肉质。茎直立，无毛。②叶互生、对生或轮生，叶片卵形或卵状披针形，边缘有尖锐锯齿，无柄。③花数朵生于枝端，花萼5裂，绿色；花冠宽钟状，蓝色或蓝紫色。雄蕊5枚，花丝基部膨大，密生细毛。子房5室，柱头5裂。④蒴果卵圆形，熟时5盖裂。

花期7~9月，果期9~10月。

药用价值： 根入药，药材名桔梗，"宣肺，利咽，祛痰，排脓，用于咳嗽痰多，胸闷不畅，咽痛，音哑，肺痈吐脓。"（《中国药典》）

位置： 趵突泉校区药圃（趵D13）。

药材图——桔梗

　　桔梗，生嵩高山谷及冤句，今在处有之。根如小指大，黄白色；春生苗，茎高尺余；叶似杏叶而长椭，四叶相对而生，嫩时亦可煮食之；夏开花紫碧色，颇似牵牛子花，秋后结子。八月采根，细锉暴干用。叶名隐忍。其根有心，无心者乃荠苨也。

——宋·苏颂《本草图经》

yì zhī huáng huā

一 枝 黄 花 （《植物名实图考》）

菊科一枝黄花属

***Solidago decurrens* Lour.**

特征：①多年生草本，茎直立，通常细弱，单生或少数簇生，不分枝或中部以上有分枝。②中部茎叶椭圆形，长椭圆形、卵形或宽披针形，下部楔形渐窄，有具翅的柄，仅中部以上边缘有细齿或全缘；向上叶渐小；下部叶与中部茎叶同形。全部叶质地较厚，叶两面、沿脉及叶缘有短柔毛或下面无毛。③头状花序较小，多数在茎上部排列成紧密或疏松的总状花序或伞房圆锥花序，少有排列成复头状花序的。总苞片 4~6 层，披针形或狭披针形，顶端急尖或渐尖。舌状花舌片椭圆形。④瘦果，无毛，极少有在顶端被稀疏柔毛的。

花果期 4~11 月。

药用价值：全草入药，药材名为一枝黄花，"清热解毒，疏散风热，用于喉痹，乳蛾，咽喉肿痛，疮疖肿毒，风热感冒。"（《中国药典》）

位置：趵突泉校区药圃（趵 D13）。

　　一枝黄花，江西山坡极多。独茎直上，高尺许，间有歧出者。叶如柳叶而宽，秋开黄花，如单瓣寒菊而小。花枝俱发，茸密无隙，望之如穗。

——清·吴其濬《植物名实图考》

zǐ wǎn

紫菀 （《神农本草经》）

菊科紫菀属

青牛舌头花（河北），山白菜，驴夹板菜，驴耳朵菜，青菀，还魂草

Aster tataricus L. f.

特征： ①多年生草本，根状茎斜升，茎直立，粗壮，基部有纤维状枯叶残片且常有不定根，有棱及沟，被疏粗毛，有疏生的叶。②基部叶在花期枯落，长圆状或椭圆状匙形，下半部渐狭成长柄，顶端尖或渐尖，边缘有具小尖头的圆齿或浅齿。下部叶匙状长圆形，常较小，下部渐狭或急狭成具宽翅的柄，渐尖，边缘除顶部外有密锯齿；中部叶长圆形或长圆披针形，无柄，全缘或有浅齿，上部叶狭小；全部叶厚纸质，上面被短糙毛，下面被稍疏的但沿脉被较密的短粗毛。③头状花序多数，在茎和枝端排列成复伞房状。总苞半球形；总苞片3层。舌状花约20余个；舌片蓝紫色；管状花稍有毛。④瘦果倒卵状长圆形，紫褐色，两面各有1或少有3脉，上部被疏粗毛。冠毛污白色或带红色，有多数不等长的糙毛。

花期7~9月，果期8~10月。

药用价值： 干燥根和根茎入药，药材名为紫菀，"润肺下气，消痰止咳，用于痰多喘咳，新久咳嗽，劳嗽咳血。"（《中国药典》）

位置： 趵突泉校区药圃（趵D13）。

药材图——紫菀

　　紫菀的花语是回忆、反省，追想。传说紫菀花是痴情女子所化，为了早猝的爱人，在秋末静静开着紫色的小花，等待爱人漂泊的灵魂。活着的爱人看着这小花，就像见到曾经的爱人一样，沉浸在美好的回忆与思念中。

（岳家楠）

cāng zhú
苍 术 （《本草衍义》）

菊科苍术属

山精（《神农药经》），赤术（《本草经集注》），马蓟（《说文系传》），
青术（《水南翰记》），仙术（《本草纲目》）

***Atractylodes lancea* (Thunb.) DC.**

特征：①多年生草本，根状茎平卧或斜升，粗长或通常呈疙瘩状，生
多数等粗等长或近等长的不定根。②茎直立，单生或少数茎成簇生，
下部或中部以下常紫红色，全部茎枝被稀疏的蛛丝状毛或无毛。③基
部叶花期脱落；中下部茎叶羽状深裂或半裂，基部楔形或宽楔形，几
无柄，扩大半抱茎；全部叶硬纸质，两面同色，绿色，无毛，边缘或
裂片边缘有针刺状缘毛或三角形刺齿或重刺齿。④头状花序单生茎枝
顶端，植株有多数或少数头状花序。总苞钟状，苞叶针刺状羽状全裂
或深裂。全部苞片顶端钝或圆形，边缘有稀疏蛛丝毛，中内层或内层
苞片上部有时变红紫色。小花白色。⑤瘦果倒卵圆状，被稠密的顺向
贴伏的白色长直毛，有时变稀毛。冠毛刚毛褐色或污白色，羽毛状，
基部连合成环。

花果期 6~10 月。

药用价值：根茎入药，药材名为苍术，"燥湿健脾，祛风散寒，明目，
用于湿阻中焦，脘腹胀满，泄泻，水肿，脚气痿躄，风湿痹痛，风寒感冒，
夜盲，眼目昏涩。"（《中国药典》）

位置：趵突泉校区药圃（趵 D13）。

苍术，山蓟也。处处山中有之。苗高二三尺，其叶抱茎而生，梢间叶似棠梨叶，其脚下叶有三五叉，皆有锯齿小刺。根如老姜，苍黑色，肉白有油膏。

——明·李时珍《本草纲目》

药材图——苍术

niú bàng
牛蒡

菊科牛蒡属

恶实（《名医别录》），夜叉头（《救荒本草》），饿死囊中草（《医林纂要》），大力子（《卫生易简方》），蝙蝠刺、蒡翁菜、便牵牛（《本草纲目》）

Arctium lappa L.

特征： ①二年生草本，具粗大的肉质直根。②茎直立，粗壮，通常带紫红或淡紫红色，有多数高起的条棱。③基生叶宽卵形，边缘稀疏的浅波状凹齿或齿尖，基部心形，上面绿色，下面灰白色或淡绿色。茎生叶与基生叶同形。④头状花序在茎枝顶端排成疏松的伞房花序。总苞卵形或卵球形，总苞片外层三角状，中内层披针状或线状钻形；全部苞近等长，顶端有软骨质钩刺。小花紫红色。⑤瘦果倒长卵形，两侧压扁，浅褐色，有多数细脉纹。冠毛多层，浅褐色；刚毛糙毛状，不等长，基部不连合成环，分散脱落。

花果期 6~9 月。

药用价值： 果实入药，药材名为牛蒡子，"疏散风热，宣肺透疹，解毒利咽，用于风热感冒，咳嗽痰多，麻疹，风疹，咽喉肿痛，痄腮，丹毒，痈肿疮毒。"（《中国药典》）

根入药，药材名为牛蒡根，"散风热，消肿毒，主治风热感冒，头痛，咳嗽，热毒面肿，咽喉肿痛，齿龈肿痛，风湿痹痛，癥瘕积块，痈疖恶疮，痔疮脱肛。"（《中药大辞典》）

位置： 趵突泉校区药圃（趵 D13）。

　　牛蒡，古人种子，以肥壤栽之……三月生苗，起茎高者三四尺。四月开花成丛，淡紫色。结实如枫梂而小，萼上细刺百十攒簇之，一棵有子数十颗。其根大者如臂，长者近尺，其色灰黪。七月采子，十月采根。

——明·李时珍《本草纲目》

shuǐ fēi jì
水飞蓟

菊科水飞蓟属
水飞雉、奶蓟、老鼠筋

***Silybum marianum* (L.) Gaertn.**

特征： ①一年生或二年生草本，茎直立，分枝，有条棱，极少不分枝，全部茎枝有白色粉质复被物，被稀疏的蛛丝毛或脱毛。②莲座状基生叶与下部茎叶有叶柄，全形椭圆形或倒披针形，全部叶两面同色，绿色，具大型白色花斑，无毛，质地薄，边缘或裂片边缘及顶端有坚硬的黄色针刺。③头状花序较大，生枝端，植株含多数头状花序，但不形成明显的花序式排列。全部苞片无毛，中外层苞片质地坚硬，革质。小花红紫色，少有白色。花丝短而宽，上部分离，下部由于被黏质柔毛而粘合。④瘦果压扁，长椭圆形或长倒卵形，褐色，有线状长椭圆形的深褐色色斑。

　　花果期5~10月。

药用价值： 成熟果实入药，药材名为水飞蓟，"清热解毒，疏肝利胆，用于肝胆湿热，胁痛，黄疸。"（《中国药典》）

位置： 趵突泉校区药圃（趵D13）。

水飞蓟就像植物界的刺猬，从茎叶到头状花序都装备着坚硬的尖刺，看上去"很不好惹"，但研究发现，这种开着紫红色花朵的菊科植物有一定的药用价值，目前已有临床证据证明，水飞蓟对肝损伤、肝毒性等有一定的疗效。

（曹冰）

yě jú
野 菊

菊科菊属

疟疾草（江苏），苦薏、路边黄、山菊花（福建），黄菊仔（广西），菊花脑（南京）

Dendranthema indicum (L.) Des Moul.

特征：①多年生直立草本。②叶互生，叶片卵形或长椭圆状卵形，边缘羽状浅裂或中裂，背面有毛。③头状花序着生枝顶；总苞半球形，苞片 4~5 层；舌状花雌性黄色，管状花两性，黄色。④瘦果顶端截形，基部收缩。

花期 9~10 月，果期 10~11 月。

药用价值：头状花序入药，药材名为野菊花，"清热解毒，泻火平肝，用于疔疮痈肿，目赤肿痛，头痛眩晕。"（《中国药典》）

根或全草入药，药材名为野菊，"清热解毒，主治感冒，气管炎，肝炎，高血压病，痢疾，痈肿，疔疮，目赤肿痛，瘰疬，湿疹。"（《中华本草》）

位置：趵突泉校区药圃（趵 D13）。

药材图——野菊花

未与骚人当糗粮，况随流俗作重阳。政缘在野有幽色，肯为无人减妙香。
已晚相逢半山碧，便忙也折一枝黄。花应冷笑东篱族，犹向陶翁觅宠光。

——宋·杨万里《野菊》

huáng huā cài

黄 花 菜

百合科萱草属

金针菜（《滇南本草》），萱草花（《圣济总录》），川草花（《救荒本草》），萱萼（《随息居饮食谱》），鹿葱花（《本草纲目》），柠檬萱草（《全国中草药汇编》）

Hemerocallis citrina **Baroni**

特征： ①多年生草本，根稍肉质，中下部常有纺锤状膨大。②叶7~20片。③花葶稍长于叶，基部三棱形，上部近圆柱形，有分枝；苞片披针形；花多朵，淡黄色；花被管长3~5厘米，花被裂片长7~8厘米。④蒴果钝三棱状椭圆形；种子多枚，黑色，有棱。

花期6~7月，果期9月。

药用价值： 根入药，药材名为萱草根，"清热利湿，凉血止血，解毒消肿，主治黄疸，水肿，淋浊，带下，衄血，便血，崩漏，瘰疬，乳痈，乳汁不通。"花蕾入药，药材名为金针菜，"利湿热，解郁，凉血，主治小便短赤，黄疸，胸膈烦热，夜少安寐，痔疮出血，疮痈。"（《中药大辞典》）

位置： 趵突泉校区药圃（趵 D13）。

萱，宜下湿地，冬月丛生，叶如蒲蒜辈而柔弱，新旧相代，四时青翠，五月抽茎开花，六出四垂，朝开暮蔫，至秋深乃尽，……今东人采其花跗干而货之，名为黄花菜。

——明·李时珍《本草纲目》

huáng jīng

黄 精 （《证类本草》）

百合科黄精属

龙衔（《广雅》），白及、兔竹、垂珠、鸡格、米脯（《抱朴子》），
菟竹、鹿竹、重楼、救穷（《别录》），鸡头黄精、乌鸦七（《中药
志》），萎蕤、苟格、马箭、仙人余粮（《本草图经》），气精（《宝
庆本草折衷》），笔管菜（《救荒本草》），老虎姜（宁夏）

***Polygonatum sibiricum* Delar. ex Redoute**

特征：①根状茎圆柱状,由于结节膨大,因此"节间"一头粗、一头细,
在粗的一头有短分枝。②叶轮生，每轮 4~6 枚，条状披针形，先端
拳卷或弯曲成钩。③花序通常具 2~4 朵花，似成伞形状，苞片位于
花梗基部，膜质，钻形或条状披针形；花被乳白色至淡黄色，花被
筒中部稍缢缩。④浆果黑色，具 4~7 粒种子。

花期 5~6 月，果期 8~9 月。

药用价值：根茎入药，药材名为黄精，"补气养阴，健脾，润肺，益肾，
用于脾胃气虚，体倦乏力，胃阴不足，口干食少，肺虚燥咳，劳嗽咳血，
精血不足，腰膝酸软，须发早白，内热消渴。"(《中国药典》)

位置：趵突泉校区药圃（趵 D13）。

药材图——黄精

　　黄精，旧不载所出州郡，但云生山谷，今南北皆有之。嵩山、茅山者为佳。三月生苗，高一二尺以来；叶如竹叶而短，两两相对；茎梗柔脆，颇似桃枝，本黄末赤；四月开细青白花，如小豆花状；子白如黍，亦有无子者。根如嫩生姜，黄色；二月采根，蒸过暴干用。

——宋·苏颂《本草图经》

rè hé huáng jīng

热 河 黄 精 （《中药志》）

百合科黄精属

小叶珠（河北），多花黄精（《东北植物检索表》）

Polygonatum macropodium Turcz.

特征： ①多年生草本，根状茎横生，黄白色，肉质，节上生有白色须状根。②叶互生；叶片卵状椭圆形，全缘，基部阔楔形，上面绿色，下面灰绿色。③花腋生，通常有花 3~12 朵或更多，排成近伞形花序，下垂；④花被筒状，绿白色，先端 6 齿裂；雄蕊 6 枚，着生于花被管下部，花药条形；子房卵圆形，花柱细长，柱头头状。⑤浆果球形，熟后暗绿色至深兰色。

花期 4~5 月，果期 7~8 月。

药用价值： 药用同"黄精"。（《山东药用植物志》）

位置： 趵突泉校区药圃（趵 D13）。

早春时节，热河黄精植株破土而出，吐新纳绿；春末夏初，黄绿色花朵形似串串风铃，悬挂于叶腋间，在风中摇曳，甚是好看；花谢果出，满目芳华，别具魅力，是不可多得的观赏佳品。将其作为地被植物种植于疏林草地、林下溪旁及建筑物阴面的绿地花坛、花境、花台及草坪周围来美化环境，无不适宜。

(叶邓辉)

yù zhú
玉竹（《名医别录》）

百合科黄精属

女萎（《神农本草经》），尾参（湖北），地管子（河北），铃铛菜（辽宁、河北）

***Polygonatum odoratum* (Mill.) Druce**

特征：①根状茎圆柱形。②叶互生，椭圆形至卵状矩圆形，先端尖，下面带灰白色，下面脉上平滑至呈乳头状粗糙。③花序具 1~4 朵花（在栽培情况下，可多至 8 朵），无苞片或有条状披针形苞片；花被黄绿色至白色，花被筒较直；花丝丝状，近平滑至具乳头状突起。④浆果蓝黑色，具 7~9 粒种子。

花期 5~6 月，果期 7~9 月。

药用价值：干燥根茎入药，药材名为玉竹，"养阴润燥，生津止渴，用于肺胃阴伤，燥热咳嗽，咽干口渴，内热消渴。"（《中国药典》）

位置：趵突泉校区药圃（趵 D13）。

《本草经集注》有言："茎干强直，似竹箭竿，有节。"玉竹代表纯洁，花朵的形状像是灯笼，绿叶为花朵挡风遮雨。远远一看，又好像藤蔓挂着葫芦，勾起了童年观看动画片《葫芦兄弟》时的美好回忆。

（岳家楠）

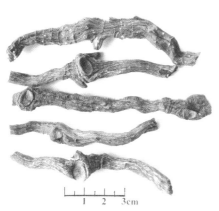

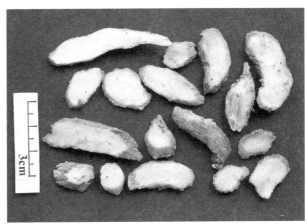

药材图——玉竹

shí diāo bǎi
石刁柏（《植物学大辞典》）

百合科天门冬属
芦笋、露笋、龙须菜（通称）

***Asparagus officinalis* L.**

特征：①直立草本，根粗 2~3 毫米，茎平滑，上部在后期常俯垂，分枝较柔弱。②叶状枝每 3~6 枚成簇，近扁的圆柱形，略有钝棱，纤细，常稍弧曲；鳞片状叶基部有刺状短距或近无距。③花每 1~4 朵腋生，绿黄色；关节位于上部或近中部；花丝中部以下贴生于花被片上。④浆果，熟时红色，有 2~3 粒种子。

　　花期 5~6 月，果期 9~10 月。

药用价值：嫩茎入药，药材名为石刁柏，"清热利湿，活血散结，主治肝炎，银屑病，高脂血症，乳腺增生。"（《中华本草》）。

　　块根入药，药材名为小百部，"温肺，止咳，杀虫，主治风寒咳嗽，百日咳，肺结核，老年咳喘，疳虫，疥癣。"（《中药大辞典》）

位置：趵突泉校区药圃（趵 D13）。

　　石刁柏因形似芦苇嫩芽，状如春笋而得名芦笋，但它既不是柏那样的裸子植物，也不是真正的竹类，它的嫩茎葱翠欲滴，既是药，也是营养丰富的蔬菜，富含多种营养物质，如芦丁、芦笋皂苷、叶酸、天冬酰胺等。

（曹冰）

zhī mǔ
知 母

百合科知母属

兔子油草（辽宁），穿地龙（山东）

***Anemarrhena asphodeloides* Bunge**

特征：①根状茎为残存的叶鞘所覆盖。②叶向先端渐尖而成近丝状，基部渐宽而成鞘状，具多条平行脉，没有明显的中脉。③花葶比叶长得多；总状花序通常较长；苞片小、卵形或卵圆形，先端长渐尖；花粉红色、淡紫色至白色；花被片条形，中央具 3 脉，宿存。④蒴果狭椭圆形，顶端有短喙。种子长 7~10 毫米。

花果期 6~9 月。

药用价值：干燥根茎入药，药材名为知母，"清热泻火，滋阴润燥，用于外感热病,高热烦渴,肺热燥咳,骨蒸潮热,内热消渴,肠燥便秘。"（《中国药典》）

位置：趵突泉校区药圃（趵 D13）。

　　肾苦燥，宜食辛以润之；肺苦逆，宜食苦以泻之。知母之辛苦寒凉，下则润肾燥而滋阴，上则清肺金而泻火，乃二经气分药也；黄檗则是肾经血分药，故二药必相须而行，昔人譬之虾与水母，必相依附。

——明·李时珍《本草纲目》

zhí lì bǎi bù

直立百部（《中药志》）

百部科百部属

***Stemona sessilifolia* (Miq.) Miq**

特征：①半灌木，块根纺锤状，茎直立，不分枝，具细纵棱。②叶薄革质，通常每 3~4 枚轮生，很少为 5 枚或 2 枚轮生，卵状椭圆形或卵状披针形，顶端短尖或锐尖，基部楔形，具短柄或近无柄。③花单朵腋生，通常出自茎下部鳞片腋内；鳞片披针形；花柄向外平展，中上部具关节；花向上斜升或直立；花被片淡绿色；雄蕊紫红色；花丝短；花药顶端的附属物与药等长或稍短，药隔伸延物约为花药长的 2 倍；子房三角状卵形。④蒴果有种子数粒。

花期 3~5 月，果期 6~7 月。

药用价值：干燥块根入药，药材名为百部，"润肺下气止咳，杀虫灭虱，用于新久咳嗽，肺痨咳嗽，顿咳；外用于头虱，体虱，蛲虫病，阴痒。蜜百部润肺止咳，用于阴虚劳嗽。"（《中国药典》）

位置：趵突泉校区药圃（趵 D13）。

百部根，旧不著出州土，今江、湖、淮、陕、齐、鲁州郡皆有之。春生苗，作藤蔓，叶大而尖长，颇似竹叶，面青色而有光，根下作撮如芋子，一撮乃十五六枚，黄白色。

——宋·苏颂《本草图经》

shí suàn
石 蒜 （《图经本草》）

石蒜科石蒜属

蟑螂花（上海），龙爪花（江苏、湖北、陕西），螃蟹花（福建），水麻（《本草图经》），酸头草（《世医得效方》），一枝箭（《圣惠方》），蒜头草、婆婆酸（《本草纲目》）

Lycoris radiata (L'Her.) Herb.

特征：①鳞茎近球形。②秋季出叶，叶狭带状，顶端钝，深绿色，中间有粉绿色带。③总苞片 2 枚，披针形；伞形花序有花 4~7 朵，花鲜红色；花被裂片狭倒披针形，强裂皱缩和反卷，花被筒绿色；雄蕊显著伸出于花被外，比花被长 1 倍左右。

花期 8~9 月，果期 10 月。

药用价值：鳞茎入药，药材名为石蒜，"祛痰催吐，解毒散结，主治喉风，乳蛾，痰喘，食物中毒，胸腹积水，疔疮肿毒，痰核瘰疬。"（《中药大辞典》）

用途：石蒜是东亚常见的园林观赏植物，冬赏其叶，秋赏其花，是优良宿根草本花卉，园林中常用作背阴处绿化或林下地被花卉，花境丛植或山石间自然式栽植。因其开花时光叶，所以应与其他较耐明的草本植物搭配为好。可作花坛或花径材料，亦是美丽的切花。

位置：趵突泉校区药圃（趵 D13）。

石蒜，处处下湿地有之。……春初生叶，
如蒜秧及山慈姑，叶背有剑脊，四散布地，七
月苗枯，乃于平地抽出一茎如箭竿，长尺许，
茎端开花四五朵，六出，红色，如山丹花状而
瓣长，黄蕊长须，其根状如蒜，皮色紫赤，肉
白色，此有小毒。

——明·李时珍《本草纲目》

shè gàn

射干（《神农本草经》）

鸢尾科射干属

交剪草（广东），野萱花（西北）

Belamcanda chinensis (L.) Redouté

特征： ①多年生直立草本，根状茎为不规则的块状，黄色。②叶剑形，扁平，革质，无中脉，有多数平行脉。③伞房状二岐聚伞花序顶生；苞片膜质；④花橙红色散生紫褐色的斑点；花被裂片6片，2轮排列；雄蕊3枚；花柱上部稍扁，有细而短的毛。⑤蒴果倒卵形至椭圆形，熟时室背开裂；种子圆形，黑色，有光泽。

花期7~9月，果期10月。

药用价值： 根茎入药，药材名为射干，"清热解毒，消痰，利咽，用于热毒痰火郁结，咽喉肿痛，痰涎壅盛，咳嗽气喘。"（《中国药典》）

位置： 趵突泉校区药圃（趵D13）。

　　射干，属金，有木与火行太阴、厥阴之积痰，使结核自消甚捷。又治便毒，此足厥阴湿气，因疲劳而发，取射干三寸，与生姜同煎，食前服，利三两行，甚效。

——元·朱震亨《本草衍义补遗》

药材图——射干

táng chāng pú
唐 菖 蒲 （《华北经济植物志要》）

鸢尾科唐菖蒲属

十样锦（北京），剑兰（广州），菖兰（武汉），荸荠莲（东北、云南）

Gladiolus gandavensis Vaniot Houtt

特征： ①多年生草本，球茎扁圆球形，外包有棕色或黄棕色的膜质包被。②叶基生或在花茎基部互生，剑形，基部鞘状，顶端渐尖。③花茎直立，不分枝，花茎下部生有数枚互生的叶；顶生穗状花序，花在苞内单生，两侧对称，有红、黄、白或粉红等色；花被管基部弯曲，花药条形，红紫色或深紫色，花丝白色，着生在花被管上；子房椭圆形，绿色。④蒴果椭圆形或倒卵形，成熟时室背开裂；种子扁而有翅。

花期 7~9 月，果期 8~10 月。

药用价值： 球茎入药，药材名为搜山黄，"清热解毒，散瘀消肿，主治痈肿疮毒，咽喉肿痛，疖腮，痧症，跌打损伤。"（《中药大辞典》）

位置： 趵突泉校区药圃（趵 D13）。

　　唐菖蒲的花语是节节高升、美好回忆、正义正直。其花朵在开放时，会由下至上不间断地开花，就像一个人在不断进步一样，而且唐菖蒲的叶片形状与宝剑相似，就像一个始终坚信正义的人。将唐菖蒲送给朋友，有着怀念的意思。

（赵宇）

bàn xià
半 夏 （《神农本草经》）

天南星科半夏属

三叶半夏（《全国中草药汇编》），水玉、地文（《神农本草经》），和姑（《吴普本草》），守田、示姑（《名医别录》），羊眼半夏（《新修本草》），地珠半夏（昆明），麻芋果（贵州），三步跳、泛石子（湖南），老和尚头、老鸹头（江苏），狗芋头（《中药志》）

Pinellia ternata (Thunb.) Breit.

特征： ①多年生草本，块茎近球形，根须状。②一年生叶卵状心形，2~3年生叶3全裂，裂片长圆形至披针形，叶柄近基部内侧常有1枚白色珠芽。③肉穗花序顶生，花单性，雌雄同株；佛焰苞绿色，雌花生于花序基部，雄花生于雌花之上；肉穗中轴先端延伸成鼠尾状，伸出佛焰苞之外。④浆果卵圆形。

花期5~6月，果期6~7月。

药用价值： 块茎入药，药材名为半夏，"燥湿化痰，降逆止呕，消痞散结，用于湿痰寒痰，咳喘痰多，痰饮眩悸，风痰眩晕，痰厥头痛，呕吐反胃，胸脘痞闷，梅核气；外治痈肿痰核。"与甘草和生石灰共同炮制可得法半夏，"燥湿化痰，用于痰多咳喘，痰饮眩悸，风痰眩晕，痰厥头痛。"与白矾共同炮制可得清半夏，"燥湿化痰，用于湿痰咳嗽，胃脘痞满，痰涎凝聚，咯吐不出。"与生姜和白矾共同炮制可得姜半夏，"温中化痰，降逆止呕，用于痰饮呕吐，胃脘痞满。"（《中国药典》）

位置： 趵突泉校区药圃（趵D13）。

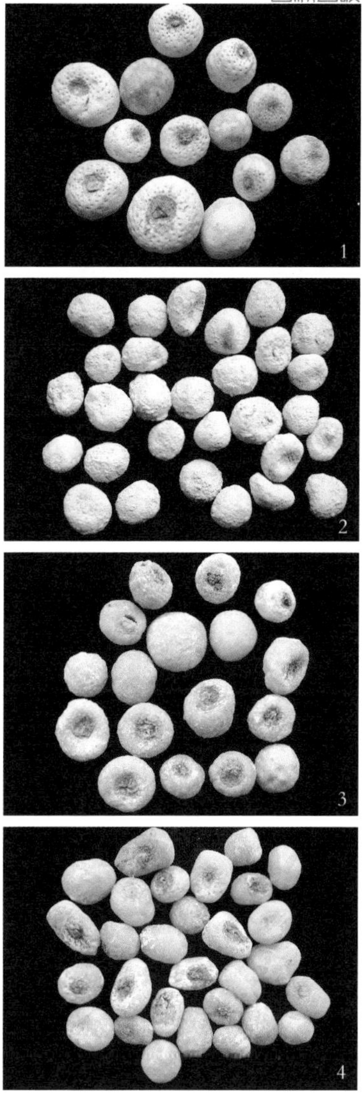

药材图——1. 生半夏; 2. 法半夏;

3. 姜半夏; 4. 清半夏

半夏，生槐里川谷，今在处有之，以齐州者为佳。二月生苗，一茎，茎端三叶，浅绿色，颇似竹叶而光，江南者似芍药叶；根下相重生，上大下小，皮黄肉白；五月、八月内采根，以灰裹二日，汤洗暴干。一云：五月采者虚小，八月采者实大，然以圆白陈久者为佳。其平泽生者甚小，名羊眼半夏。

——宋·苏颂《本草图经》

chāng pú

菖 蒲 （《神农本草经》）

天南星科菖蒲属

许达（藏名），臭蒲（《唐本草》），泥菖蒲（《本草纲目》），香蒲（上海、浙江、福建），剑叶菖蒲、大叶菖蒲、土菖蒲（四川），家菖蒲、水菖蒲（云南），溪菖蒲、野枇杷、水剑草、凌水挡、十香和（福建），白菖蒲（各地），臭草（北方）

***Acorus calamus* L.**

特征：①多年生草本，根茎横走，稍扁，分枝，外皮黄褐色，芳香，肉质根多数，具毛发状须根。②叶基生，基部两侧膜质叶鞘向上渐狭。叶片剑状线形，基部宽、对褶，中部以上渐狭，草质，绿色，光亮；中肋在两面均明显隆起，侧脉 3~5 对，平行，伸延至叶尖。③花序柄三棱形；叶状佛焰苞剑状线形；肉穗花序斜向上或近直立，狭锥状圆柱形。花黄绿色，子房长圆柱形。④浆果长圆形，红色。

花期 6~9 月。

药用价值：根茎入药，药材名为藏菖蒲，系藏族习用药材，"温胃，消炎止痛，用于补胃阳，消化不良，食物积滞，白喉，炭疽等。"（《中国药典》）

位置：趵突泉校区药圃（趵 D13）。

　　许达生于水中，叶如禾苗，根部
有疏密不匀的环节，状如白茅根，气
味浓，具毛发状须根较多。

——前宇妥·云丹衮波《宇妥本草》

中文名索引
Index to Chinese Names

拉丁名索引
Index to Scientfic Names

主要参考文献

[1] 中国科学院中国植物志编辑委员会. 中国植物志 [M/OL]. 北京：科学出版社，1999[2021-09-01].http://www.iplant.cn/frps.

[2] 陈汉斌主编. 山东植物志 [M]. 青岛：青岛出版社，1990.

[3] 李法曾主编. 山东植物精要 [M]. 北京：科学出版社，2004.

[4] 刘冰主编. 中国常见植物野外识别手册（山东册）[M]. 北京：高等教育出版社，2009.

[5] 国家药典委员会编. 中国药典（2020 版一部）[M]. 北京：中国医药科技出版社，2020.

[6] 国家中药管理局《中华本草》编委会编. 中华本草 [M]. 上海：上海科学技术出版社，1999.

[7]《全国中草药汇编》编写组编. 全国中草药汇编 [M].2 版. 北京：人民卫生出版社，1996.

[8] 南京中医药大学编著. 中药大辞典 [M]. 上海：上海科学技术出版社，2006.

[9] 李建秀，周凤琴，张照荣主编. 山东药用植物志 [M]. 西安：西安交通大学出版社，2013.

杏林春暖，橘井生香（后记）

秋风送爽，山东大学即将迎来百廿华诞。在这收获的季节，《山大草木图志（趵突泉校区、千佛山校区和兴隆山校区）》即将付梓。笔者作为一名有着 22 年资历的"年轻"山大人，忆百年校史，看今朝风貌，感恩和感动之情油然而生，遂以一种山大人的情怀，带领一群更年轻的有激情的山大人，完成了本书。

山东大学趵突泉校区沿袭自原齐鲁大学校址，迄今已百年余，校园整体为西方园林式布局，美丽幽雅、古香古色，留存了众多极具文物价值和景观价值的老建筑，透衬着浓郁深厚的人文底蕴，被列为第七批全国重点文物保护单位。校园绿树成荫，四季花香，古树名木众多，更有保存了大量珍稀药用植物资源的药圃坐落其间。药圃创建于 20 世纪 70 年代，作为药学院实习实践基地之一，是医药专业的学生教学科研的重要支撑。百余年来，"齐鲁医学"根植于这片沃土之上，积淀形成了"博施济众，广智求真"的人文气质和精神品格，为国家医药卫生事业做出了重要贡献，"东齐鲁"的声誉传承至今。

山东大学千佛山校区坐落于美丽的千佛山北麓，迄今已有近 70 年的历史，校园中白杨参天、松柏苍劲，主楼前花园芳华满树、灌木参差，四季芬芳。山东大学兴隆山校区，位于二环南路南侧，是山东大学在济南市的六个校区中面积最大的一个。校园远离都市的喧嚣，绿树环绕，温馨静谧，美丽的天工湖常年有水，四季有绿，花香袭人，锦鳞悦目。在这两个充满年轻活力的校园中，培养出了大量机械制造、材料、电力、控制、能源与动力、土建水利等领域的高级专门人才。

笔者自 2006 年留校工作后，一直专注于药用植物学的教学创新，致力于将数码摄影、多媒体技术、电子书、智能科技等与药用植物学实验和实习实践相结合，先后完成了 4 项山东大学实验室建设与管理研究项目。十几年间，笔者访遍山东大学各校园，并有幸承担了"第四次全国中药资源普查"的工作，积累了 6 万余张药用植物和中药材的照片资料，为本书提供了大量素材，从而得以在收到山东大学出版社和张淑萍老师的邀约之后三个月内即完成书稿。

书中的物种信息均以《中国植物志》全文电子版网站及《山东植物精要》为依据，部分外来物种和观赏品种参考了其他文献。物种特征以《中国植物志》和《山东植物志》中的植物描述为基础，进行了简化改写，以面向非植物学专业的大众读者。植物的药用价值首先参考《中国药典》，对于少常用中药和民间药，参考了《中药大辞典》《全国中草药汇编》和《中华本草》。对本草考证或植物文化部分引用的古籍，也进行了认真核对，力求严谨。希望本书在勾起新老校友对校园美景回忆的同时，也能引领读者去探索植物世界的奥秘，感受中医药世界的博大精深和中国植物文化的魅力。

本书的最终完成，得到了多个单位领导、老师、同事和同学们的支持。感谢山东大学党委宣传部授权使用山东大学趵突泉校区、千佛山校区和兴隆山校区的手绘地图，感谢生命科学学院张淑萍老师的全力引荐，感谢山东大学出版社陈一家老师的热心策划。特别感谢药学院领导、同事、同学们给予的鼓励和支持。药用植物学专家温学森教授亲自审阅了本书的文稿，年近九旬的生药学专家许欣荣教授也对本书关心有加。

全书由赵宇统稿，负责编写了全部物种的特征、药用价值和位置，并对全部内容进行了审校；曹冰参与编写了目录、索引及部分植物的本草考证和植物文化内容；岳家楠参与整理了植物名录及部分植物的本草考证和植物文化内容；曲勇晓、邢雅馨和叶邓辉撰写了部分植物的本草考证和植物文化内容；张一凡参与了植物名录及药用价值的整理。书中所用到的全部照片均由赵宇拍摄。

终稿之日，伏案小憩，一幕幕场景浮现眼前：春季的暖阳中，校园和药圃里，幼儿园小朋友们在热爱中医药的赵伟园长的带领下，专心聆听；夏季的烈日下，同学们在药圃的"责任田"中挥洒汗水；飒爽的秋风中，中药兴趣小组（中药协会的前身）的成员们在兴隆山校区后山的采菊之行……愿本书能给读者们带来更多美好的回忆。

本书成书略有仓促，虽殚精竭虑，但受作者水平所限，错漏之处在所难免，恳请广大读者批评指正。

赵宇

2021 年 8 月 31 日于济南